ullstein

Das Buch

Für viele von uns ist das Auto mehr als ein Fahrzeug: Es ist Objekt der Begierde und hilfreicher Lastesel und wächst einem schnell ans Herz. Vor allem aber ist es ein komplexer Organismus, der sachgerecht gehegt und gepflegt sein will – umso eher kann man kostspielige Großreparaturen und Ärger mit der Polizei vermeiden. In diesem Buch beschreibt kein Geringerer als Autopapst Andreas Keßler, was bei unserem fahrbaren Untersatz technisch, aber auch im Hinblick auf die Vorschriften so alles anfallen kann. Hier erfahren Sie, wie man am besten auf Geräusche aller Art, streikende Fensterheber und schlagartig ansteigenden Spritverbrauch reagiert, was man vorbeugend sommers und winters beachten muss und worauf es beim Kauf und Verkauf eines Gefährts ankommt. Machen Sie sich mit Ihrem Auto vertraut, und legen Sie sich dieses Buch ins Handschuhfach – für mehr Freude am Fahren!

Der Autor

»Autopapst« Andreas Keßler ist Autojournalist und Maschinenbau-Ingenieur. Er verbrachte einen Großteil seiner Jugend auf Schrottplätzen und fraß sich durch alle Automagazine, derer er habhaft werden konnte. Er arbeitet unter anderem als Autor bei der *Berliner Zeitung* und moderiert die Sendung »Die Sonntagsfahrer« beim *RBB*.

Andreas Keßler

Fährt man rückwärts an den Baum, verkleinert sich der Kofferraum

Die besten Tipps
vom Autopapst

Ullstein

Besuchen Sie uns im Internet:
www.ullstein-taschenbuch.de

Originalausgabe im Ullstein Taschenbuch
1. Auflage Oktober 2008
2. Auflage 2009
© Ullstein Buchverlage GmbH, Berlin 2008
Umschlaggestaltung: HildenDesign, München
Titelabbildung: Maximilian Meinzold
Die Texte dieses Buches erschienen bereits einzeln als Kolumne in der
Berliner Zeitung.
Die Angaben und Ratschläge in diesem Buch sind von Autor und Verlag
sorgfältig erwogen und geprüft; dennoch kann eine Garantie nicht
übernommen werden. Eine Haftung des Autors bzw. des Verlags und
seiner Beauftragten für Personen-, Sach- und Vermögensschäden ist
ausgeschlossen.
Satz: KompetenzCenter, Mönchengladbach
Gesetzt aus der Rotis Sans Serif
Druck und Bindearbeiten: CPI – Ebner & Spiegel, Ulm
Printed in Germany
ISBN 978-3-548-37233-4

Inhalt

Vorwort   11

Die Tücken der Technik
Was kann ich eigentlich tun ...
  ... wenn es aus der Motorhaube qualmt?   17
  ... wenn der warme Motor nicht anspringt?   18
  ... wenn mein Motor nicht »ausdreht«?   18
  ... wenn mein Motor im Leerlauf klappert?   19
  ... wenn mein Auto beim Start blaue Wölkchen ausstößt?   20
  ... wenn mein Motor kaum noch Kompression hat?   21
  ... wenn mein Motor kocht?   22
  ... wenn mein Kühler nicht kühlt?   23
  ... wenn mein Kühlerschlauch geplatzt ist?   23
  ... wenn mein Kühlerventilator nachläuft?   24
  ... wenn ich ständig Kühlwasser nachgießen muss?   25
  ... wenn mein Motor nach der Autobahnausfahrt immer
      heiß wird?   26
  ... wenn ich »Mayonnaise« im Kühlwasser habe?   27
  ... wenn mein Auto zuviel Öl verbraucht?   27
  ... wenn mir die Kosten fürs Motoröl zu hoch sind?   28
  ... wenn ich das Öl selbst wechseln will?   31
  ... wenn ich nach der Garantiezeit nicht mehr dauernd
      zum Ölwechsel fahren will?   32
  ... wenn sich meine Batterie über Nacht entlädt?   33
  ... wenn ich nach drei Jahren schon die zweite Batterie
      brauche?   33
  ... wenn ein Batteriewechsel ansteht?   34
  ... wenn ich vor der Qual der Wahl einer neuen Batterie
      stehe?   35
  ... wenn die Kupplung nicht mehr kuppelt?   36

... wenn mein Kupplungspedal nicht von allein
     zurückkommt? 37
... wenn ich mit einem Wagen mit Handschaltung
     an der roten Ampel warte? 38
... wenn mein Getriebe Öl verliert? 38
... wenn ich Schwierigkeiten beim Gangwechsel habe? 39
... wenn meine Automatik spinnt? 40
... wenn meine Bremse steinhart ist? 41
... wenn mein Auto nicht mehr rollt? 42
... wenn ich meine Bremsen entlüften will? 43
... wenn meine Bremsen quietschen? 44
... wenn die Bremsflüssigkeit weniger wird? 45
... wenn mein Anlasser trotz Starthilfe nur müde dreht? 45
... wenn sich beim Drehen des Zündschlüssels nichts tut? 46
... wenn ich meine Zündkabel vertauscht habe? 47
... wenn mein Auto penetrant nach Sprit stinkt? 48
... wenn ich eine defekte Lambdasonde vermute? 49
... wenn ich Normal- statt Superbenzin tanken will? 50
... wenn ich den falschen Kraftstoff getankt habe? 51
... wenn ich den Tank meines Diesels restlos leergefahren
     habe? 52
... wenn ich auf einer Messe Wundergeräte zum Benzinsparen
     sehe? 53
... wenn mein Abblendlicht nicht funktioniert? 54
... wenn mir dauernd die Lampen durchbrennen? 55
... wenn auch die ausgewechselte Scheinwerferlampe
     nicht leuchtet? 56
... wenn die Rückfahrleuchten nicht funktionieren? 56
... wenn mein Auto beim Starten qualmt? 57
... wenn der Auspuff durchgerostet ist? 58
... wenn der Keilriemen pfeifend durchrutscht? 59
... wenn mein Zahnriemen reißt? 60
... wenn die Airbag-Lampe brennt? 61
... wenn sich mein Sicherheitsgurt nicht mehr richtig
     aufrollt? 62
... wenn meine Frontscheibe nur noch Reflexe produziert? 63

... wenn beim Cabrio der Durchblick nach hinten fehlt?   63

... wenn meine Wegfahrsperre spinnt?   64

... wenn ich eine alte elektrische Wegfahrsperre im Auto
    habe?   65

... wenn mein Schiebedach undicht ist?   66

... wenn beim Bremsen Wasser aus der Leselampe tropft?   67

... wenn mein Fußraum immer nass ist?   68

... wenn mein Gebläse knattert?   68

... wenn mein Frischluftgebläse nur noch »volle Pulle«
    läuft?   69

... wenn im Auto dicke Luft herrscht?   70

... wenn sich Öl im Luftfilter sammelt?   71

... wenn die Elektrik in der Fahrertür spinnt?   72

... wenn mein Fensterheber versagt?   72

... wenn ich nicht bei jedem Aussteigen einen Stromschlag
    kriegen will?   73

... wenn ich meinen Radiocode nicht mehr weiß?   74

... wenn die Ladekontroll-Leuchte nicht ausgeht?   75

... wenn meine Scheibenwaschanlage keinen Spritzer
    von sich gibt?   75

... wenn der Kontakt an der Heizheckscheibe abgerissen
    ist?   76

... wenn es beim Anfahren »Klonk« macht?   77

... wenn das Lenkrad rüttelt?   78

... wenn mein Auto in der Kurve »schwimmt«?   79

... wenn es beim Kurvenfahren vorne knackt?   79

... wenn mein Dieselmotor nicht ausgehen will?   80

... wenn mein Turbolader den letzten Huster von sich
    gegeben hat?   81

... wenn ich meinen Zündschlüssel verloren habe?   82

Runde Sache

Was kann ich eigentlich tun...

... wenn ich noch keine Winterreifen habe?   87

... wenn ich Winterreifen im Sommer fahren will?   88

... wenn ich Schneeketten für mein Auto brauche?   89

... wenn ich meine Räder nicht abnehmen kann?   90
... wenn mein Auto nach dem Reifenwechsel eiert?   91
... wenn sich meine Reifen einseitig abnutzen?   92
... wenn in den Fahrzeugpapieren ein bestimmtes
    Reifenfabrikat angegeben ist?   93
... wenn die in den Papieren eingetragene Reifendimension nur
    schwer erhältlich ist?   94
..: wenn mein Reifenhändler mir Restposten anbietet?   94
... wenn ich bei Reifen auf Nummer sicher gehen will?   95
... wenn mir der Reifenhändler Reifengas anbietet?   96
... wenn ich einen schleichenden Plattfuß habe?   97

Wind und Wetter
Was kann ich eigentlich tun ...

... wenn ich meine Waschanlage winterfit machen will?   101
... wenn ich für optimalen Frostschutz im Kühlmittel zu sorgen
    will?   102
... wenn die Scheibenwischer über die Scheibe rattern?   103
... wenn meine Scheiben ständig beschlagen?   104
... wenn ich im Winter immer ein sauberes Auto
    haben will?   105
... wenn die Heizung mein Auto nicht heizt?   106
... wenn mein Kühler eingefroren ist?   106
... wenn meine Türschlösser eingefroren sind?   107
... wenn mein Auto bei Feuchtigkeit schlecht anspringt?   108
... wenn mein Auto »abgesoffen« ist?   109

Vorbeugen ist besser als Heilen
Was kann ich eigentlich tun...

... wenn ich mein Bordwerkzeug ergänzen will?   113
... wenn der Frühlingscheck für 4,95 Euro angeboten
    wird?   114
... wenn ich meine Batterie über den Winter retten will?   115
... wenn ich nur 3000 Kilometer im Jahr fahre und trotzdem
    ein Ölwechsel fällig ist?   115
... wenn ich mein Auto gut schmieren möchte?   116

... wenn ich den Getriebeölstand prüfen will? 117

... wenn die Werkstatt meine Bremsflüssigkeit wechseln
    will? 118

... wenn ich dem Rost Einhalt gebieten will? 119

... wenn ich meine Klimaanlage sinnvoll nutzen und
    warten will? 120

Aufgemöbelt

Was kann ich eigentlich tun...

... wenn ich den Dreck nicht aus den Polstern kriege? 125

... wenn mein Sitzbezug durchgewetzt ist? 126

... wenn meine Ledereinrichtung schimmelt? 126

... wenn ich meine Haube vor Steinschlag schützen will? 127

... wenn mein Auto was aufs Dach gekriegt hat? 128

... wenn ich die Kunststoffteile an meinem Auto
    auffrischen will? 129

... wenn ich Kratzer im Lack entdecke? 130

... wenn ich nach dem Winter meine Alufelgen putzen will? 131

... wenn ich meine Standheizung fernsteuern will? 132

... wenn ich Zusatzscheinwerfer montieren möchte? 132

... wenn ich meine Scheinwerfer tunen will? 133

... wenn ich mein Auto billig »chippen« will? 134

Umweltengel

Was kann ich eigentlich tun...

... wenn mein Auto bei der AU durchfällt? 139

... wenn mein auf Autogas umgerüstetes Auto Fehler-
    meldungen signalisiert? 140

... wenn ich meinen Benzin-Direkteinspritzer mit Autogas
    fahren will? 140

... wenn ich Pflanzenöl tanken will? 141

... wenn ich Bioethanol tanken möchte? 142

... wenn ich mein Auto mit einem Dieselrußfilter nachrüsten
    möchte? 144

... wenn trotz Rußfilter meine Kfz-Steuer erhöht wird? 145

... wenn mein Rußfilter verstopft ist? 146

... wenn ich eine Umweltzonenplakette haben will?   147
... wenn ich trotz G-Kat keine Umweltzonenplakette
    bekomme?   147

Der Amtsschimmel
Was kann ich eigentlich tun...
... wenn ich meinen Fahrzeugbrief verloren habe?   151
... wenn mir das Gutachten für meine Alufelgen fehlt?   152
... wenn ich meine alte Karre loswerden will?   152
... wenn ich einen Mängelbericht von der Polizei
    erhalten habe?   153
... wenn ich eine Anzeige wegen Fahrerflucht vermeiden
    will?   154
... wenn ich ein Nummernschild verloren habe?   155
... wenn ich mit ungestempelten Kennzeichen fahren will? 156
... wenn ich mein Auto mit einem H-Kennzeichen
    zulassen will?   157
... wenn ich ein Kurzzeitkennzeichen brauche?   158
... wenn ich billige Nummernschilder will?   159
... wenn ich einen gebrauchten Motor einbauen will?   159
... wenn ich eine Anhängerkupplung an mein Auto
    schrauben will?   160
... wenn ich Tagfahrlicht nachrüsten will?   161
... wenn ich in der Innenstadt nicht ewig nach Kleingeld
    für die Parkuhr suchen will?   162

Kaufen und Verkaufen
Was kann ich eigentlich tun...
... wenn ich mein Auto bei Ebay verkaufen will?   165
... wenn ich als Autokäufer bei Ebay ein richtiges
    Schnäppchen machen will?   166
... wenn ich mein erstes Auto kaufe?   168
... wenn mir eine Gebrauchtwagengarantie angeboten
    wird?   169

Register   170

Vorwort

Auto-mobil. Im Wortsinne heißt das »selbst-beweglich«, meint also eine Fortbewegung ohne Pferde oder andere Zugtiere. Wer diesen Begriff prägte, ist nicht überliefert. Doch seine Kurzform »Auto« wurde zum Synonym für den größten Markterfolg eines Produktes in der bisherigen Menschheitsgeschichte.

Kleine Jungs (und auch kleine Mädchen!) sagen gleich nach »Mama« das Wort »Auto«, manche sogar umgekehrt. Nichts ist für sie so faszinierend wie ein Auto, und dieser Effekt hält bei vielen Menschen bis ins hohe Alter an. Allerdings wird mit den Jahren immer mehr differenziert, die schöne Form tritt in den Hintergrund, der reifere Mensch bedenkt öfter die »inneren Werte« des Autos. Über die Gründe dafür kann man lange reden, weil sie sich ständig verändern. Auch das gehört zum Erfolg des Automobils und ist gleichzeitig sehr oft hohe Politik.

Das Auto ist nämlich nicht nur das Mobil für Fahrten in den Sonnenuntergang, sondern gleichzeitig eine Wirtschaftslokomotive: Die Umsätze der deutschen Autoindustrie liegen in der gleichen Größenordnung wie der Staatshaushalt der Bundesrepublik Deutschland. Und wenn diese Umsätze getätigt sind, kommt Vater Staat und nutzt die Autos von »Otto-Normalautofahrer« als Vehikel für Steuereinnahmen und Umweltschutzgesetze und als Prügelknabe für all das, was er nicht anders gelöst bekommt.

Unterm Strich ist ein neues Auto für seinen Käufer die größte Einzelinvestition nach einem Immobilienkauf. Die Kosten für Neuwagen sind in den letzten zwanzig Jahren buchstäblich explodiert. Das liegt nicht nur am Gewinnstreben der Autoindustrie, sondern vor allem an den vielfältigen Forderungen an die Ingenieure. Der Golf V etwa ist vollgepackt mit Airbags, Fahrerassistenzsystemen und Komfortextras, er verströmt statt Abgas (im Vergleich zu seinem Urahnen von 1974) geradezu Maiglöckchenduft und ver-

braucht dabei sogar weniger Sprit. Sicherer, sauberer und sparsamer
als heute waren Autos noch nie, vielfältigere Formen und Ausstat-
tungsvarianten kann man sich auch für die Zukunft eigentlich kaum
vorstellen. Und doch wird die technische Entwicklung weitergehen,
und die Autokosten werden weiter steigen. Ein Teil davon ist nicht
oder kaum zu beeinflussen, ein anderer dagegen schon.

Nicht zuletzt um Kosten geht es in diesem Buch: »The total cost
of ownership« – die Kosten der Autohaltung. Man könnte auch
von »Mobilitätskosten« sprechen, weil sich selbst der öffentliche
Teil des Personennahverkehrs mit seinen Preisen und Tarifen an
den Kosten für das Auto orientiert. Da aber jeder, der kann, *indivi-
duell* mobil sein will (also ohne Haltestelle und Fahrplan), hängen
die Kosten dafür von der Güte des angeschafften Fahrzeuges ab.

Also muss ein gutes Auto her. Die Suche danach ist jedoch
ähnlich wie die nach dem Heiligen Gral, denn jeder definiert ein
»gutes Auto« anders. Man könnte nach der Pannenstatistik des
ADAC auswählen, die *Stiftung Warentest* konsultieren oder den
TÜV-Report. Vielleicht legt man mehr Wert auf die »Auto-
Umwelt-Liste« des VCD, oder man hört auf den besten Freund. Die
Entscheidung ist alles andere als einfach, weil es keine absolute
Messlatte für »das beste Auto« gibt.

Der eingefleischte Autofan wird das freilich kaum verstehen. Er
ist wahrscheinlich Abonnent mehrerer Autozeitschriften, Stamm-
zuschauer bei den Auto-Magazinen der Fernsehstationen und vielleicht sogar bei einem der großen Auto-Portale im Internet regis-
triert. Mit dieser geballten Informationsfülle kommt er wirklich in
die Nähe eines Autos, das gut ist. Allerdings nur für ihn, für seine
speziellen Wünsche und Anwendungen. Und es ist ein neues Auto,
über das er alles weiß. Gebrauchte Autos finden in der großen
Mehrzahl der Autopublikationen nämlich nicht statt. Dabei wechseln wesentlich mehr gebrauchte Autos den Besitzer, als Neuwagen zugelassen werden.

Seit dem Jahr 2002 hat die EU die Rechte von Gebraucht-
wagenkäufern gestärkt: Wer heute ein gebrauchtes Auto bei einem
Autohändler kauft, kann Gewährleistungsansprüche leichter durch-
setzen als vorher. Das ist gut für Leute, die etwas mehr Geld für den

Autokauf in die Hand nehmen können. Ungünstig schlägt diese Regelung für die Käufer von älteren oder alten Gebrauchtwagen zu Buche: Der Fahranfänger oder Student, der bislang alle zwei Jahre ein »neues« 1000-Euro-Auto kaufte und damit wertverlustneutral mobil war, findet seit 2002 beim professionellen Gebrauchtwagenhandel kein Angebot mehr. Wenn man nicht selbst ein Gewerbe betreibt oder Freiberufler ist, verkauft einem heutzutage aus Gewährleistungsgründen kein Händler ein »Billigauto«.

Besonders ärgerlich ist dieser Umstand bei der Riege der »Autos für die Ewigkeit«: Wer ein gebrauchtes Modell der Bestseller aus den Baujahren 1988 bis 1995 kaufen möchte, ist allein auf den privaten Gebrauchtwagenmarkt angewiesen. In den Jahren kurz vor bis kurz nach dem Zusammenbruch der DDR baute insbesondere die deutsche Autoindustrie die bis dahin (teilweise sogar bis heute!) qualitativ besten Autos, die schon damals relativ sicher, schadstoffarm und dabei noch nicht allzu kompliziert waren.

Wer heute ein preiswertes Auto für die Familie sucht und keine Angst vor hohen Kilometerständen hat, sollte sich einen BMW E34 Touring (aus der 5er-Reihe) oder einen der letzten W124-Kombis von Mercedes sichern. Die Marke mit dem Stern hat seit dem Modellwechsel 1995 nie wieder dieses Qualitätsniveau in der Mittelklasse erreichen können, und die Nachfolger des ersten BMW 5er-Kombis sind zwar auch wunderbare Automobile, aber immer noch recht teuer. Gerade diese beiden Beispielmodelle sind trotz hoher Kfz-Steuersätze sehr billig zu unterhalten, weil erstens fast nie etwas kaputtgeht und zweitens Ersatzteile erfreulich billig zu haben sind, beispielsweise über den Taxi-Zubehörhandel. Wer die nötigen Wartungsarbeiten nicht selbst ausführen will, wird in jeder freien Werkstatt auf bereitwillig agierende Mitarbeiter treffen, weil diese Autos dort wohlbekannt sind und gerne (weil erfolgreich!) repariert werden.

Neben diesen kostensenkenden Tatsachen spielt ein weiterer Aspekt eine nicht zu unterschätzende Rolle: Ein Wertverlust findet praktisch nicht mehr statt. Im Gegenteil: Der Marktwert hat bei bestimmten Autos aus dieser Zeit gerade jetzt ein relatives Minimum erreicht und dürfte mittelfristig wieder steigende Tendenz haben – wenn die »Autos für die Ewigkeit« weiter gepflegt werden und irgendwann Liebhaberstatus erreichen ...

Nun wird nicht jeder einen »Youngtimer« kaufen wollen oder können. Grundsätzlich gilt das oben Gesagte aber für jeden Autokauf. Vor der Entscheidung für ein bestimmtes Modell sollten die zu erwartenden Kosten klar sein. Bei Neuwagen gibt es Tabellen der Automobilclubs, die die Kosten pro Kilometer ausweisen. Darin ist regelmäßig der Wertverlust der größte Posten. Wer als Selbstzahler ein Auto kauft, sollte also die ersten drei Jahre des Autolebens abwarten und erst danach das Auto gebraucht kaufen. Zu diesem Zeitpunkt flacht die Wertverlustkurve ab, und die Reparaturen treten in den Vordergrund. Im Alter von sieben Jahren erreichen Reparatur- und Wartungskosten dann (statistisch gesehen) eine Höhe, die die Weiterfinanzierung des Autos für den Normalverbraucher unwirtschaftlich macht.

Damit ist der Takt vorgegeben, in dem sich die Autobranche bewegt: Neuwagen werden drei Jahre lang geleast (Dienstwagen, ab der oberen Mittelklasse) oder gehalten (Mittelklasse und kleiner), dann kommen die Zweitbesitzer (alle Klassen), die das Auto weitere vier Jahre fahren. Der dritte Käufer eines Autos sollte nach Meinung der Branche am besten auch der letzte sein, damit der Automarkt nicht übersättigt wird. Wenn schließlich aus einem Gebraucht- ein Verbrauchtwagen geworden ist, sollen ausländische Märkte zum Zuge kommen.

Durch die Preisexplosion der Neuwagen ist dieser Rhythmus gestört: Das Durchschnittsalter der in Deutschland zugelassenen Autos steigt immer weiter an. Der Grund dafür ist neben den hohen Preisen aber auch ein Mangel an Individualität der angebotenen Neuwagen. Wer Geld hat, kauft sich die Kraft und die Herrlichkeit der 80er und 90er aus Süddeutschland, und wer kein Geld hat, fährt alte Dauerläufer aus Wolfsburg oder Rüsselsheim.

Alle Autofahrer, die ihr Auto selbst finanzieren müssen, haben etwas gemeinsam: Sie wollen die Kosten für ihre individuelle Mobilität im Zaum halten. Das betrifft den Kauf, die Wartung und Reparatur und den Unterhalt des Autos. Natürlich gibt es immer gute Tipps, damit das besser gelingt. Und viele davon stehen in diesem Buch.

Die Tücken der Technik

Was kann ich eigentlich tun...

... wenn es aus der Motorhaube qualmt?

Aus den Fugen der Motorhaube quillt Rauch! Was jetzt? Vor allem eins: Ruhe bewahren! Es gibt viele mögliche Gründe, wie Rauch unter der Motorhaube entstehen kann. Der schlimmste ist ein Feuer, das man ohne Feuerlöscher nicht allein bekämpfen kann. Wenn beim Versuch, die Haube zu öffnen, schon Flammen aus dem Motorraum schlagen, muss sie zubleiben. Geöffnet werden darf sie erst dann, wenn ein Feuerlöscher zur Hand ist. Ist der nicht aufzutreiben, ist die Prognose für das Auto leider schlecht.

Ein leichter beherrschbarer Fall ist der fehlende Verschluss des Öleinfüllstutzens: Wenn der Deckel sich nämlich nicht auf seinem Platz befindet, sondern daneben, spritzt bei schneller Fahrt Motoröl aus dem Ventilgehäuse in den Motorraum und auf den kochend heißen Auspuffkrümmer. Dadurch entstehen eindrucksvolle Qualmwolken und beißender Geruch. Doch wenn das nicht zu lange ignoriert wird (wer hat schon so starke Nerven?), reicht das Verschließen der Öleinfüllöffnung und gegebenenfalls eine Ergänzung des Schmierstoffvorrates, und schon kann die Fahrt weitergehen.

Eine weitere Art von Rauch ist schlichter Wasserdampf. Der kann entweder dem Kühler, dem Kühlmittelvorratsbehälter oder dem Kühlsystem (zum Beispiel durch einen geplatzten Schlauch) entweichen. Wenn das passiert, kocht das Kühlwasser – und das soll es nicht! Erste Hilfe bietet eine Pause zum Abkühlen mit anschließender Kontrolle des Kühlmittelstandes. Wenn das Auto danach wieder kocht, muss es zum Wechsel der Zylinderkopfdichtung in die Werkstatt.

... wenn der warme Motor nicht anspringt?

Hier kommt es auf das Alter Ihres Autos an! Vergasermotoren haben andere Probleme als neuere Motoren mit mechanischen Einspritzanlagen. Wieder anders reagieren die elektronisch geregelten Gemischfabriken von heute.

Bei Vergasermotoren sitzen der Ansaug- und der Auspuffkrümmer oft auf derselben Seite des Motors. Durch die Strahlwärme wird die Schwimmerkammer des Vergasers aufgeheizt, und im Extremfall beginnt der Kraftstoff im Vergaser zu sieden, er verdampft und steht somit für einen Start des heißen Motors nicht zur Verfügung. Abhilfe schafft hier ein Wärmeabschirmblech zwischen Vergaser und Abgaskrümmer. Wenn dieses Blech fehlt, muss es ersetzt werden. Ähnliche Probleme hat das Einspritzsystem K-Jetronic von Bosch, das bis in die frühen 90er Jahre in viele Autos eingebaut wurde.

Auch hier sorgt die Wärme des heißen Motors für Dampfblasenbildung in den Einspritzleitungen. Besserung bringt ein sogenannter Dampfblasenabscheider aus dem Zubehörhandel, der für den erwünschten Druckausgleich im Kraftstoffsystem sorgt. Am schwierigsten ist die Diagnose bei modernen Motorsteuerungen. Hier reicht die Palette von defekten Thermofühlern, die der Einspritzung einen kalten Motor vorgaukeln, bis zu defekten Rückschlagventilen, die im warmen Zustand die Kraftstoffleitungen leerlaufen lassen. Abhilfe schafft hier leider nur der teure Diagnosecomputer, der in einer Vertragswerkstatt dem (hoffentlich) sachkundigen Personal den Weg zum Defekt zeigt.

... wenn mein Motor nicht »ausdreht«?

Wo früher der rote Bereich des Drehzahlmessers begann, liegt heute die Abregeldrehzahl. Die Motordrehzahl muss begrenzt werden, weil sonst der Ventiltrieb dem rasenden Auf und Ab der Kolben nicht folgen kann und das Ganze irgendwann im finalen Ventilsalat endet. Diese Regel gilt für Benzin- wie für Dieselmotoren,

wobei die Grenzdrehzahl bei den Benzinern etwa 2000 U/min (Umdrehungen in der Minute) höher liegt als bei den Selbstzündern.

Die Drehzahl hängt direkt mit der erzielbaren Höchstgeschwindigkeit zusammen: Je schneller die Kurbelwelle rotiert, desto schneller fährt das Auto. Und wer die Drehzahl in die Höhe treiben will, muss ordentlich Gas geben.

Was hier so vereinfacht geschrieben steht, gelingt manchmal einfach nicht: Trotz Vollgas kommt der Motor nicht auf Touren! Das könnte im einfachsten Fall an einem verstopften Benzinfilter liegen. Dann reicht der Kraftstoffnachschub aus dem Tank für höhere Leistungen nicht aus. Oder die Zündanlage ist ungepflegt und lässt die Hochspannung aus der Zündspule schon lange vor den Zündkerzen ungenutzt verpuffen. Fachleute nennen so etwas »Wartungsstau«, den einzig der Fahrer und Besitzer des Vehikels zu verantworten hat. Ein weiterer Grund für den Leistungsmangel im oberen Drehzahlbereich kann bei höherem Motoralter eine durch nicht eingehaltene Ölwechselintervalle eingelaufene Nockenwelle sein: Die Ventile öffnen dann nicht mehr weit genug und lassen kaum noch Frischgas in den Motor. Die nötige Reparatur ist teuer – manchmal teurer als ein neuer Gebrauchter.

... wenn mein Motor im Leerlauf klappert?

Heftiges, dunkles Klopfen oder schwirrendes Pickern unter der Haube muss keinen teuren Motorschaden bedeuten, sondern kann auch von der Motorperipherie verursacht werden. Ein typisches Geräusch ist beispielsweise ein auf- und abschwellendes Rasseln, das sogar im Innenraum zu hören ist. Typischerweise verschwindet es völlig, wenn man auf die Kupplung tritt. Ursache sind in diesem Fall erlahmte oder gebrochene Torsionsfedern in der Belagplatte der Kupplung, die normalerweise den Mitnehmer der Belagplatte gegen den eigentlichen Belagträger abstützen. Diese Konstruktion soll Lastwechselschläge vom Differential und den Antriebswellen fernhalten, damit diese nicht zu schnell ausschlagen.

Abhilfe schafft nur der Austausch der Kupplungsscheibe durch ein Exemplar mit intakten Federn, in der Regel also ein Neuteil. Die Funktion der Kupplung wird durch dieses Rasseln und Klappern übrigens nicht beeinträchtigt, der Autor dieser Zeilen ist mit so einem Defekt schon mehrere zehntausend Kilometer gefahren, bis der Wagen an einem anderen Problem »verstarb«.

Sollten übrigens bei einem Auto mit diesem Geräusch die Antriebswellen ausgeschlagen sein, schaffen neue Wellen auch nur vorübergehend Abhilfe: Durch die fehlende Dämpfung beim Einkuppeln werden auch die neuen Teile im Zeitraffer verschlissen! In vielen Fällen lohnt diese Reparatur aber ohnehin nicht mehr, weil dafür das Getriebe ausgebaut werden muss. Dadurch könnte der Rechnungsbetrag über dem Zeitwert des Autos liegen – ein wirtschaftlicher Totalschaden also.

... wenn mein Auto beim Start blaue Wölkchen ausstößt?

Wenn beim Starten des Fahrzeugs blaue Wölkchen aus dem Auspuff die nähere Umgebung verpesten, ist das ein deutlicher Hinweis darauf, dass Ihr Auto zu viel Motoröl verbraucht. Wenn der Wagen fast neu ist und der Ölverbrauch 0,3 Liter pro 1000 km übersteigt, dürfte die Sache ein Garantiefall werden. Auch wenn fast alle Hersteller mit prähistorischen Ölverbrauchswerten arbeiten («bis zu 1 Liter Öl pro 1000 km ist okay»), um solche Ansprüche abschmettern zu können, sollten Sie sich nichts erzählen lassen – die blaue Wolke ist vorhanden, entspricht nicht dem Stand der Technik und schädigt die Umwelt. Abhilfe kann eine Überholung des Zylinderkopfes oder sogar des ganzen Motors bringen.

Wie sieht die Sache aber bei einem älteren Auto aus, das vielleicht schon mehr als 150.000 km auf der Uhr hat? Im Prinzip genauso, nur leider muss der Eigentümer hier selbst zahlen.

Warum aber »bläut« der Motor überhaupt? Blauer Rauch bedeutet immer verbranntes Öl. Die Ventilführungen mit ihren Ventilschaftdichtungen und die Kolbenringe, speziell die Ölabstreifringe, sollen verhindern, dass Motoröl in den Brennraum läuft, wo es nicht hingehört. Wenn Öl verbrennt, ist eine der genannten Komponenten verschlissen. Da Kolbenringe mit Einbau teuer und Ventilschaftdichtungen mit Einbau relativ billig sind, möchte man natürlich gerne die richtige Ursache bestimmen. Die Antwort können zwei Kompressionstests bringen: einmal mit Öl im Brennraum, einmal ohne. Wenn die Messung mit Öl besser ausfällt, sind leider die Kolbenringe die Übeltäter. Wenn nicht, geht es um die Ventilschaftdichtungen.

... wenn mein Motor kaum noch Kompression hat?

Der Kompressionswert eines Motors gibt indirekt Auskunft über den Verschleißgrad der Maschine. Ein hoher und vor allem auf allen Zylindern gleichmäßiger Druck ist Garant für einen gesunden Motor. Wenn man niedrige oder voneinander abweichende Werte misst, muss der Motor überholt werden. Als Verursacher kommen die Kolbenringe (als Dichtelemente zwischen Kolben und Zylinder) und die Ventile im Zylinderkopf in Frage. Wenn eins oder mehrere dieser Steuerelemente undicht sind, kann sich kein nennenswerter Kompressionsdruck aufbauen. Zum Unterscheiden der beiden Problemstellen gibt es einen Trick: Im ersten Schritt misst man die Kompression am betriebswarmen Motor und notiert sich die Werte. Anschließend wird eine zweite Messreihe durchgeführt, bei der vor jeder Messung eine kleine Menge Öl in den Brennraum gegeben wird (zum Beispiel mit einer Einwegspritze). Wenn der Kompressionswert mit Öl höher ausfällt als ohne, sind die Kolbenringe für den Druckverlust verantwortlich. Das Öl dichtet nämlich die Kolben vorübergehend gegen den Zylinder ab und hält den Druck so besser aufrecht. Als Reparaturmöglichkeit kommen eine Erneuerung der Kolbenringe oder eine Überholung des Motorblocks in Frage.

Ändert sich hingegen auch mit Öl nichts am Kompressionswert, ist die Undichtigkeit im Ventilbereich zu suchen. In diesem Fall könnte ein überholter Zylinderkopf wieder für mehr Druck sorgen.

... wenn mein Motor kocht?

Manchmal kocht nicht nur der Fahrer, sondern auch der Kühler. Im Sommer ist im Stau die Motorkühlung oft einfach überfordert. Die Kühlflüssigkeit nimmt die Wärme auf, die bei der Verbrennung im Motor entsteht, und gibt sie über den Kühler an die Umgebung ab. Durch den leichten Überdruck im System kocht das Kühlwasser nicht schon bei 100 °C, sondern erst bei 120 °C. Dann ist die Temperaturanzeige im roten Bereich. Wer die Warnung ignoriert, steuert einem Motorschaden entgegen. Der Kontrollblick auf die Anzeige sollte daher zur Routine werden. Das gilt besonders bei vollem Kofferraum und schwerem Anhänger bei Bergfahrt. Steigt der Zeiger, wird es ernst.

Wenn sich der Zeiger dem roten Bereich nähert, sollte man anhalten, den Motor im Leerlauf drehen lassen und die Heizung voll aufdrehen. Für den Fahrer ist die zusätzliche Wärmequelle zwar unangenehm, doch diese Maßnahme vergrößert die Kühlfläche, weil auch die Innenraumheizung ihre Wärme einem mit dem Kühlkreislauf verbundenen Wärmetauscher entnimmt.

Auf keinen Fall darf man den Motor zum Abkühlen ausschalten. Auch darf die Kontrolle des Wasserstandes nie bei heißem Motor erfolgen, der Deckel des Kühlsystems soll erst bei normalen Kühlwassertemperaturen geöffnet werden. Überkochendes Kühlmittel kann nämlich schwere Verbrennungen verursachen.

Wenn keine Kühlflüssigkeit zum Nachfüllen zur Hand ist, hilft Trinkwasser zunächst weiter. Später müssen Wasser und Kühlflüssigkeit dann wieder in das vom Hersteller empfohlene Mischungsverhältnis gebracht werden. Das dient nämlich nicht nur dem Frostschutz, sondern verhindert auch eine Korrosion des Systems.

... wenn mein Kühler nicht kühlt?

Wer unter einer ständig kochenden Kühlanlage leidet, hat einige Optionen, um diesen Missstand zu beheben: Schnell und billig kann beispielsweise der Verschlussdeckel des Kühlers bzw. des Kühlwasservorratsbehälters ersetzt werden. Bei älteren Autos kann dieser nämlich häufig den Überdruck (der den Siedepunkt des Kühlwassers um etwa 20 °C nach oben verschiebt) nicht mehr sicherstellen, und dann kocht das Kühlwasser bei 100 °C, also unerwartet früh.

Wenn ein neuer Deckel nichts bringt, könnte ein klemmender Kühlwasserthermostat für die Hitzewallungen des Motors verantwortlich sein. Der Thermostat ist eine Art »automatischer Wasserhahn«, der den kleinen vom großen Kühlkreislauf trennt. Im Winter bleibt der kleine Kreislauf länger ohne Zulauf von gekühltem Wasser aus dem Kühler, damit der Motor seine Betriebstemperatur schneller erreicht. Im Sommer muss er aber fast sofort öffnen, damit das Kühlwasser nicht zu rasch heiß wird. Tut der Thermostat das nicht, kocht der Motor.

Wenn die Peripherie der Kühlanlage dicht und intakt ist, bleibt als Letztes noch der Kühler: Er kann (genau wie eine Kaffeemaschine) verkalken und muss dann entkalkt werden. Die Werkstatt nimmt dazu Zitronensäure, als Hausfrauentrick bieten sich Essigessenz oder Geschirrspülertabs an. Die Anwendung ist simpel: Einfach ins Kühlwasser geben, ein paar Tage damit herumfahren und die trübe Brühe dann durch frisches Kühlmittel mit dem zum Kühlsystem passenden Frostschutz- und Konservierungsmittel ersetzen.

... wenn mein Kühlerschlauch geplatzt ist?

In der Regel fährt man so lange mit dem Auto, bis eines Tages ein Wasserschlauch »dicke Backen« macht und platzt. Der sorgfältige Autofahrer ahnt zwar häufig, welcher Schlauch als nächster den

Geist aufgibt, absolut sicher kann man aber nie sein. Wenn es dann so weit ist, ist die Dampfwolke nicht zu übersehen. Trotzdem geht so ein Defekt für Auto und Fahrer meist glimpflich aus. Was aber, wenn der Schlauch im Urlaub auf einer steilen Passstraße fernab jedes Ersatzteiltresens platzt? Niemand wird sich deswegen alle in Frage kommenden Wasserschläuche in den Kofferraum legen, aber irgendein Ersatz wäre doch ganz schön.

Ich empfehle neben dem altbekannten »Kühlerband«, das meist eher schlecht als recht klebt, einen Fahrradschlauch! Sollte nämlich ein Kühlerschlauch geplatzt sein, stabilisiert das gewebeverstärkte Kühlerklebeband zwar den Schlauch, richtig dicht wird er damit allerdings nur selten. Flankierend kann dann der durchgeschnittene Fahrradschlauch durch den Kühlerschlauch gezogen werden. Grob auf Länge gebracht, werden die Enden des Fahrradschlauches dann nach außen über die Enden des Kühlerschlauchs gestülpt und mit den Schlauchschellen zusammen mit dem Kühlerschlauch auf seinem Stutzen befestigt. Wenn das Kühlsystem wieder befüllt ist und sich Druck aufbaut, legt sich der Fahrradschlauch von innen an den Kühlerschlauch und drückt die darin noch befindliche Luft durch das ursprüngliche Leck nach außen. Das System ist wieder dicht, die Fahrt kann weitergehen!

... wenn mein Kühlerventilator nachläuft?

Irgendwie komisch: Man hat den Motor ausgemacht und das Auto verschlossen, und unter der Motorhaube rauscht und brummt es immer noch. Dabei kann das völlig normal sein, wenn man gerade 30 Minuten Rushhour im Schritttempo hinter sich gebracht hat. Dem Motor fehlte während dieser Schleichfahrt der kühlende Luftstrom, den der elektrische Kühlerventilator in solchen Fällen ersetzt. Woher weiß der Puster aber, dass er Luft durch das erhitzte Kühlernetz fächeln muss? Das entsprechende Signal kommt vom Thermoschalter. Das ist ein Bimetallschalter, der im Wasserkasten des Kühlers sitzt und ab einer bestimmten Kühlwassertemperatur den Stromkreis des Kühlerventilators schließt. Wenn die-

ser dann genug geblasen hat und das Kühlmittel entsprechend abgekühlt ist, knipst der Thermoschalter den Strom wieder ab, und der Lüfter gibt Ruhe.

All das ist aber nicht an den Betrieb des Motors gekoppelt. Das Kühlsystem kann nämlich auch ohne zusätzliche Verbrennungswärme noch so heiß sein, dass der Ventilator den Wärmestau nach dem Abschalten des Motors erst einmal verarbeiten muss. Deshalb ist der Kühlerventilator auch »direkt« geschaltet, er benötigt also keine bestimmte Stellung des Zündschlüssels. Genau hier liegt die Gefahr: Ist der Thermoschalter nämlich defekt und hängt in Stellung »Ein« fest, läuft der Ventilator, bis die Batterie leer ist. Und das dauert bei 200 Watt Leistung nicht sehr lange. Wenn das Gebrause unter der Haube also gar nicht mehr enden will, besteht Handlungsbedarf: Ein neuer Thermoschalter kostet nicht viel und ist schnell gewechselt.

... wenn ich ständig Kühlwasser nachgießen muss?

Steter Tropfen höhlt nicht nur den Stein, sondern leert auch das Kühlsystem. Um den Grund für das Leck zu finden, sollte zunächst klar sein, wie viel und wie oft Kühlmittel nachgefüllt werden muss. Wenn zum Beispiel ein halber Liter pro 1000 km fällig ist, ist das Problem sicher nicht ernst, sondern einfach bei porösen Kühlschläuchen, erlahmten Schraubschellen oder einem defekten Druckverschluss des Systems zu suchen. Wenn der Verbrauch an Kühlmittel zu zwei Liter pro 1000 km tendiert, kündigt sich entweder das Ende der Zylinderkopfdichtung oder ein undichter Heizungswärmetauscher an. Letzteres ist anzunehmen, wenn der Kühlwasserverbrauch bei abgeschalteter Heizung geringer wird (diese Methode funktioniert aber nicht immer, sie ist modellabhängig).

Eine undichte Zylinderkopfdichtung lässt sich durch ein Gerät diagnostizieren, mit dem der Abgasgehalt des Kühlwassers gemessen wird. Ist zu viel Abgas enthalten, ist die Zylinderkopfdich-

tung undicht – das Kühlwasser kann in den Verbrennungsraum dringen und wird dort verdampft.

Ist der Verbrauch an Kühlmittel noch höher, dürfte man beim Blick unter das Auto schon ein Bächlein aus Kühlwasser finden. Wenn das Kühlsystem leck ist, kommen in erster Linie ein völlig korrodierter Wasserkühler oder eine undichte Wasserpumpe in Frage. Der Kühler ist in vielen Fällen von Spezialbetrieben zu reparieren, im Notfall haben die Herren dort auch ein passendes Ersatzteil zur Hand. Inkontinente Wasserpumpen werden immer erneuert, eine Reparatur lohnt fast nie.

... wenn mein Motor nach der Autobahnausfahrt immer heiß wird?

Bei schneller Fahrt auf der Autobahn wird dem Motor Ihres Autos ordentlich warm, selbst bei Temperaturen um den Gefrierpunkt. Damit es nicht zum Wärmekollaps kommt, hat jedes Auto einen Kühler, durch den der kühlende Fahrtwind streicht. Sobald die Geschwindigkeit auf Landstraßentempo gedrosselt wird, hat man natürlich deutlich weniger Fahrtwind zur Kühlung des Motors. Die eben noch zügig abgeführte Wärme des Motors wird nicht mehr ganz so flott minimiert, die Temperatur des Kühlwassers beginnt zu steigen. Damit es nicht anfängt zu kochen, haben die Konstrukteure im Kühler einen Thermoschalter vorgesehen. Dieser Schalter reagiert auf zu hohe Temperaturen des Kühlmittels und schaltet oberhalb von 89 °C den elektrischen Kühlerventilator ein. Dieser verstärkt eifrig rotierend den kühlenden Luftstrom und senkt die Kühlwassertemperatur. Sobald ein Wert von weniger als 87 °C erreicht ist, schaltet der Thermoschalter den Strom wieder ab.

Normalerweise hält dieser Regelvorgang den Zeiger des Kühlwasserthermometers im grünen Bereich. Ist der Thermoschalter jedoch defekt, kommt es schnell zum Wärmestau. Dann gerät der Zeiger in die roten Zahlen und der Motor in Lebensgefahr.

... wenn ich »Mayonnaise« im Kühlwasser habe?

Hellbraun oder fast gelb, dazu von cremiger Konsistenz: So sieht es aus, wenn Öl ins Kühlwasser gelangt und dort von rotierenden Motorteilen mit dem Kühlmittel zu einer Art Mayonnaise geschlagen wird. Wer das Zeug in seinem Kühlmittel-Ausgleichsbehälter entdeckt, sollte schnell handeln, bevor es Folgeschäden gibt. Die Vermischung kann viele Gründe haben: In Frage kommen defekte Zylinderkopfdichtungen, gerissene Zylinderköpfe oder ein undichter Kühler.

Gerade Letzterer wird fast nie untersucht, weil damit stets nur Wasserverlust assoziiert wird. Dabei ist die Erklärung ganz einfach: Viele Motoren haben zusätzlich zum Wasserkühler noch einen Ölkühler, der im Hochsommer die Schmierstofftemperatur in motorbekömmliche Bereiche drücken soll. Dieser Ölkühler ist nicht wie bei den historischen Rennwagen aufrecht im Luftstrom stehend am Fahrzeugbug verbaut, sondern als parallele (zweite) Kühlschlange in den Fahrzeugkühler integriert. Wenn der Kühler nun zum Beispiel durch Steinschlag beschädigt wird, kann der Wasserkühler undicht werden, aber eben auch der Ölkühler, oder es tritt eine Undichtigkeit zwischen Wasser- und Ölkreislauf auf (was gar nicht so selten passiert!). In der Folge gelangt Motoröl durch den verhältnismäßig hohen Druck in den Wasserkreislauf und vermischt sich dort mit dem Kühlmittel.

Die Therapieempfehlung lautet: Kühlwasserschlamm ablassen, Kühlsystem spülen (beispielsweise mit Geschirrspülmittel), Kühler erneuern, Öl wechseln und neues Kühlmittel einfüllen – fertig!

... wenn mein Auto zuviel Öl verbraucht?

Verbraucht es denn wirklich zu viel? Jeder Verbrennungsmotor muss geschmiert werden, damit ihn die Reibung seiner sich bewegenden Bauteile nicht überhitzt. Die Schmierung wird seit jeher durch Motoröl erledigt, das dieser Aufgabe allerdings nur unter

Selbstaufopferung nachkommen kann. Das heißt auf Deutsch: Jeder Motor verbraucht Öl! Die Frage ist nur: wie viel?

Die Hersteller halten heute noch an Werten fest, die in den 50er Jahren aktuell waren. Bei einem Liter Öl auf 1000 km Fahrstrecke sei noch alles im grünen Bereich, hört man aus den Konzernen. In der Tat wäre ein solcher Verbrauch technisch beherrschbar, obwohl er durch die Preise der meist nötigen Hightech-Longlife-Öle ganz schön ins Geld ginge. Wer allerdings an die Umwelt denkt, mag einen Ölverbrauch in dieser Größenordnung nicht mehr tolerieren. Eigentlich wird heutzutage ein Ölverbrauch angestrebt, der gegen null tendiert. Wer zwischen zwei Ölwechseln einen Liter Öl nachfüllen muss, ist schon nervös. Allerdings liegt das Ölwechselintervall heute in aller Regel bei 15.000 km, man hätte dann einen kaum noch nennenswerten Ölverbrauch von 0,066 Liter pro 1000 km. In der Praxis ist der Ölverbrauch also in dem Fall kaum messbar. Misst man jedoch mehr als 1 Liter pro 1000 km, ist der Motor entweder verschlissen oder die Ventilführungen sind undicht. Das ist reparabel, aber teuer. Einfach regelmäßig Öl nachgießen kann selbst langfristig im Vergleich viel billiger sein.

Wer hingegen überhaupt keinen Verbrauch feststellen kann oder sogar eine wundersame Ölvermehrung entdeckt, der hat ein ernstes Problem: Ölverdünnung! Durch häufige Kurzstreckenfahrten ist Kraftstoff ins Öl gesickert. In diesem Fall ist ein Ölwechsel zur Sicherstellung der Motorschmierung dringend erforderlich!

... wenn mir die Kosten fürs Motoröl zu hoch sind?

Bevor wir hier zu einer sinnvollen Empfehlung kommen, etwas Theorie: Neue Autos haben Inspektionsintervalle von etwa 35.000 km. Bei der Inspektion wird teures turbogetestetes Longlife-Spezial-HD-Öl in den Motor gegossen, anschließend wird kurz mit der Lampe unter dem Motor durchgegangen, eine Rechnung ausgedruckt, fertig! Was ich hier etwas überspitzt formuliert habe, funktioniert ganz gut für Leute, die ihr Auto sowieso nur drei Jahre fahren wollen (also vor allem Dienstwagennutzer). Ab dem Moment, wo die Autos dann ohne Garantie und Gewährleistung dastehen, geht der Ärger los und die Kosten für die Wartung und Instandhaltung schießen in die Höhe. Viele Motoren sind mit 80.000 km trotz der teuren Motorschmierung schon an ihrer Verschleißgrenze angekommen.

Warum ist das so? Um die immer strenger werdenden Verbrauchsvorgaben zu erreichen, wird die innere Reibung der Motoren durch kleinere Hubzapfen und schmalere Lagerschalen reduziert. Das verringert die Lagerfläche, wodurch die Belastung der Motorlager überproportional ansteigt. Anders als bei den üppiger dimensionierten »Säufern« der Vergangenheit ist die Folge frühzeitiger Verschleiß. Das ist natürlich bekannt und bei den Wartungsvorgaben berücksichtigt. Moderne Hightech-Öle müssen darum über die gesamte Laufzeit bis zum nächsten Ölwechsel vom Moment des Kaltstarts an ein gleichbleibend hohes Druckaufnahmevermögen, eine hohe Temperaturstabilität und ein lange stabiles Scherverhalten gewährleisten.

Es gibt Öle, die das tatsächlich schaffen. Es gibt aber auch Öle, die zwar das richtige Qualitätsniveau und damit die Freigabe der Hersteller haben, aber letztlich den Verschleiß doch nicht verhindern können, wenn der Motor von seinem Fahrer wirklich gefordert wird. In vielen Fällen ist es darum besser, lieber ein kürzeres Wechselintervall zu wählen und sich für eine zwar immer noch hochwertige, aber preisgünstigere, da nicht so langzeitstabile Ölqualität zu entscheiden. Unterm Strich kann das trotz eines halbierten oder sogar gedrittelten Wechselintervalls billiger sein. Der VW-Konzern bietet den Fahrern seiner Autos deshalb auch das sogenannte »Umölen« an. Dabei wird ein preiswerteres Öl zugelassen, die Wartungsintervallanzeige umprogrammiert und das Ganze für die Garantiezeit dokumentiert. Gerade für Wenigfahrer, die ihren Motor kaum jemals über 4000 U/min (Umdrehungen in der Minute) jagen und einmal im Jahr einen Ölwechsel machen müssen (das ist die Minimalvorgabe des Herstellers), ist dies der Königsweg.

Ein häufig zu beobachtendes Problem ist die Gewinnmaximierung, die so manche Werkstatt betreibt. Obwohl das oft schon

ältere Auto gar kein Hightech-Öl benötigt, füllt die Werkstatt vollsynthetisches 5W-XX oder sogar 0W-XX ein. Dem Kunden wird erklärt, dass das Öl qualitativ besser sei als das bisherige und der Motor schneller durchgeölt werde. Sie können dann ungerührt erwidern, dass Ihnen diese Aspekte durchaus bekannt sind, aber Ihrem Auto nicht! Streng genommen hat schon ein 5W-30 in keinem Motor, für den der Hersteller diese Viskosität nicht empfohlen hat, etwas zu suchen! Im Extremfall ist ein Motor mit diesem Öl bei scharfer Fahrweise innerhalb von 80.000 km zerstört, bei einem Normalfahrer dauert es vielleicht 150.000 km. In nicht dafür geeigneten Motoren verbrennen die hoch additivierten 5W-XX- und 0W-XX-Öle nämlich extrem schnell und hinterlassen mehr Ölschlamm als jedes Billigöl. Wenn Ihr Motor bisher mit normalem Motoröl geschmiert worden ist, haben sich außerdem bereits Ablagerungen im Motor gebildet. Sofern der Motor beim Umölen nicht intensiv gereinigt wird, lösen sich diese Ablagerungen durch die Additive des synthetischen Öls. Wenn Sie nicht nach kurzer Fahrstrecke einen weiteren Ölwechsel (mit dem teuren synthetischen Schmierstoff) machen lassen, werden Teile dieser Ablagerungen durch das Schmiersystem befördert und können sich an Spalten und Einengungen festsetzen. Das ruft Effekte wie Schaumbildung und Druckschwankungen hervor, die eine geregelte Schmierung der beweglichen Motorteile verhindern können.

Die Zylinderlaufbahnen des Motors sind bei Schmierung mit vollsynthetischem Öl eine Stunde nach dem Abstellen fast trocken, weil das extrem dünnflüssige Öl an ihnen abläuft und die Restwärme der Maschine sie fast vollkommen abtrocknet. Entsprechend hoch ist der Verschleiß beim nächsten Start, zumal es auch länger dauert, bis sich ein ausreichender Öldruck aufgebaut hat. Die Verwendung von Ölen, die »besser« (also dünnflüssiger) sind als die vom Hersteller empfohlenen, ist also unbedingt zu vermeiden! Bleiben Sie beim »Normal-Öl«, dessen heutige Qualität ohnehin schon besser ist als die des Öls zum Zeitpunkt der Erstzulassung Ihres Autos!

Darüber hinaus ist es nicht empfehlenswert, synthetische bzw. teilsynthetische Motorenöle mit mineralischen Motorenölen zu mischen, da damit der höhere Qualitätsstandard der synthetischen Öle herabgesetzt wird. Die sich einstellende Qualität ist immer nur so gut wie das schwächste Glied in der Kette.

Bei sehr leistungsfähigen Autos, denen der Hersteller anspruchsvolle Ölvorschriften mit auf den Weg gegeben hat, sollte man neben der richtigen Freigabenorm unbedingt ein Doppelester-Öl wählen. Diese Öle gasen nach dem Abstellen des Motors sehr stark und überziehen dabei den gesamten Motor (Laufbuchsen, Nockenwellen, Kurbelwelle) mit einem Fettfilm. Im Ergebnis muss das Öl nach dem Motorstart gar nicht erst durch den Motor gepumpt werden, es ist einfach noch da!

... wenn ich das Öl selbst wechseln will?

Der Dienstwagenfahrer macht es nicht, der Altautobetreiber kippt nur nach, der Neuwagenfahrer darf es nicht – das Motoröl wechseln. Alle anderen zahlen häufig ordentlich Geld dafür und haben zusätzlich noch den Stress mit dem Hinbringen und Abholen der Kalesche.

Deswegen wechselt mancher doch noch selbst. Die erforderliche Ausrüstung dürfte klar sein: Öl (am besten im 5-Liter-Kanister, das ist preiswerter als die kleinen Gebinde) mit der gewünschten Viskosität (bei älteren Autos tut es meistens 10W-40, teilsynthetisch), ein Ölfilter, der zum Auto passt und von einem Markenhersteller stammt, und schließlich die Dichtung für die Ölablassschraube (an der oft alles scheitert). Ach ja, das Auffanggefäß ist auch noch wichtig. Bitte keine Salatschüsseln oder Plastikwannen verwenden – die einen sind zu kipplig, die anderen werden durch das heiße Öl weich und verlieren die Form. Ideal sind gebrauchte Plastikkanister, deren Breitseite abgeschnitten wird. Durch den Griff, der dabei stehenbleiben sollte, ist diese Wanne gut zu manövrieren, und durch den Verschluss lässt sich die Brühe sehr schön in den leeren Kanister des neuen Öls füllen. Wer trotzdem kleckert, muss nicht hektisch nach einem Lappen suchen, solange er einfach einen Eimer mit Katzenstreu bereithält. Ein Schäufel-

chen von dem Zeug auf den Fleck, und das Altöl lässt sich nach einer Stunde mit dem Granulat fast spurlos auffegen. Das Altöl nimmt der Händler zurück (mit Kaufquittung), sonst der Recyclinghof (ohne Kaufquittung).

... wenn ich nach der Garantiezeit nicht mehr dauernd zum Ölwechsel fahren will?

Oft könnte man locker die doppelte Distanz bis zum nächsten Ölwechsel fahren. Warum das so ist? Nehmen wir mal den Motor eines Golf 3 mit 90 PS. Das Triebwerk wurde schon 1972 als 1,3-Liter-Motor im Audi 80 eingesetzt, als es noch Winter- und Sommeröle zum halbjährlichen Wechsel gab. Mehrbereichsöle hießen damals 10W-30, 15W-40 und 20W-50. Das waren unglaublich teure Hightech-Wässerchen für die Porsches und S-Klassen der damaligen Zeit. Die normalen Mehrbereichsöle (10W-30, 15W-40) waren etwa dreimal so teuer wie die Einbereichsöle und wurden entsprechend selten verkauft. Unser Golf-Motor aus der Zeit der Einbereichsöle mit Wechselintervallen von 7.500 km verträgt heute mit einem modernen Öl die dreifache Distanz bis zum Wechsel, weil seine Grundkonstruktion (Lagerzahl, -durchmesser und -breite) unverändert blieb und damit nach heutigen Kriterien überdimensioniert ist.

Leider sind modernere Motoren in dieser Hinsicht viel mehr »auf Kante« konstruiert (damit sie nicht so lange halten ...?). Diese Triebwerke brauchen höher legierten Schmierstoff, damit sie die heute üblichen Wechselintervalle überstehen. Wer hier auf eine billigere Ölsorte »umölt«, muss sogar verkürzte Wechselintervalle hinnehmen.

Heute ist selbst das billigste Öl aus dem Baumarkt schon nach 15W-40 legiert, für ein paar Euro mehr gibt es teilsynthetisches Öl nach 10W-50, das es vor 30 Jahren noch gar nicht gab. Es hängt also nicht vom Öl ab, wann gewechselt werden muss, sondern vom Motor.

... wenn sich meine Batterie über Nacht entlädt?

Wenn trotz komplett ausgeschalteter Verbraucher die vertrauten Kontrollleuchten im Armaturenbrett dunkel bleiben, sollten Sie das Alter Ihrer Autobatterie herausfinden. Serienmäßig eingebaute Akkus haben eine Lebensdauer von vier bis sechs Jahren, nach denen sie die elektrische Energie nicht mehr richtig speichern können. Die sogenannte Selbstentladung nimmt dann deutlich zu und kann schließlich 100 Prozent pro Tag erreichen (normal ist etwa ein Prozent pro Tag). Hier hilft bloß noch eine neue Batterie.

Fällt der Verdacht bei nagelneuer Batterie hingegen auf einen häufig als »Kriechstrom« bezeichneten versteckten Stromverbraucher, wird es komplizierter. Die Werkstatt führt dann eine »Ruhestrom-Messung« durch: Bei ausgeschalteten Verbrauchern wird der Stromfluss zwischen der Batterie und der elektrischen Anlage des Autos gemessen. Kommen dabei nur wenige Milliampere zusammen, haben Sie keinen »Kriechstrom«, sondern wahrscheinlich eine defekte Zelle. Dann sollte die Batterie umgetauscht werden.

Einfacher ist folgendes Verfahren: Schalten Sie zwischen das Massekabel und den Minuspol der Batterie eine Kfz-Prüflampe. Wenn diese trotz ausgeschalteter Verbraucher hell leuchtet, haben Sie wirklich einen »Kriechstrom« an Bord. Zur Lokalisierung des elektrischen Problems müssen Sie nun nur noch eine Sicherung nach der anderen entfernen. Geht die Prüflampe plötzlich aus, haben Sie den Stromkreis mit dem Defekt gefunden. Mit Hilfe des Schaltplans können Sie dann die daran angeschlossenen Verbraucher und die Farben der Verbindungskabel identifizieren. Die Suche nach Art und Lage des Defekts ist dann ein reines Geduldsspiel.

... wenn ich nach drei Jahren schon die zweite Batterie brauche?

Kaum wird es kalt, gehen die Batterien in die Knie. Wer aber als Großstadtbewohner viele Startvorgänge bei durchschnittlichen Kilometer-Leistungen absolvieren muss, der kann das Batterie-

leben mit dem »Mega-Pulser« deutlich verlängern. Was sich anhört wie eines der zahlreichen Wundermittel aus irgendeinem Shopping-Kanal, stammt eigentlich aus dem Motorbootzubehör und ist eine trickreiche Black Box, die im Auto montiert und in den Ladestromkreis geschaltet wird.

Aber der Reihe nach: Wer sein Auto wie oben beschrieben nutzt, bekommt sehr bald Probleme durch die Sulfatierung seiner Starterbatterie. Dieser chemische Vorgang, bei dem das Bleisulfat der Batterieplatten Kristallblöcke bildet, verringert die effektiv nutzbare Plattenoberfläche, so dass die Startleistung vor allem nach einer kalten Nacht sinkt. Wenn auch Nachladen keinen Erfolg mehr bringt, ist die Batterie eigentlich reif für den Schrott: Durch die fehlende Plattenoberfläche kann sie einfach keinen Strom mehr aufnehmen, und die für einen guten Ladezustand wichtige Säuredichte bleibt niedrig.

Hier kommt der Mega-Pulser zum Einsatz! Das zigarettenschachtelgroße Gerät wird parallel zur Batterie angeschlossen und erzeugt durch eine ausgeklügelte Elektronik Spannungsimpulse, deren Frequenz die Bleisulfatkristalle »knackt«. Dadurch nimmt die Plattenoberfläche wieder zu, und die Kapazität erreicht im Optimalfall ihren alten Wert. Zu beziehen ist die Box im gut sortierten Bootszubehörhandel.

... wenn ein Batteriewechsel ansteht?

Der erste Nachtfrost lässt die Nachfrage nach Batterien explodieren: Im Sommer reichte die Kapazität gerade noch so zum Durchdrehen des Anlassers, im Kalten ist dann meist endgültig Schluss mit lustig! In der Mehrzahl der Fälle erledigt sich das Problem durch Kauf und Einbau einer neuen Batterie.

Leider sind die Dinger nicht billig, und relativ gesehen sind kleine Batterien sogar teurer als große. Warum also nicht gleich einen Typ mit ein paar Amperestunden mehr wählen? Ein bisschen Reserve für den Kaltstart kann ja nicht schaden, oder?

Völlig richtig, allerdings sollte man es nicht übertreiben! Der

Raum unter der Haube reicht im Einzelfall auch für den dicken Taxi-Akku mit 100 Ah – aber schafft die Lichtmaschine es auch, dieses Trumm zu laden? Wenn eine normale Lichtmaschine mit 65 Ampere Ladestrom eine womöglich leer georgelte Batterie dieser Größenordnung laden muss, geht sie an die Grenze ihrer Leistung und erwärmt sich dabei stark. Wird das zur Regel, ist ein Lichtmaschinendefekt vorprogrammiert. Denn normalerweise liegt die serienmäßig eingebaute Batterie mit ihrer Kapazität etwa auf dem Niveau des maximalen Ladestroms der Lichtmaschine. Eine 65-Ampere-Lichtmaschine lädt also zum Beispiel eine 63-Ah-Batterie. Wenn der Einbauraum es zulässt, kann man mit der neuen Batterie allerdings ruhig eine Nummer größer werden: Aus 63 Ah werden dann zum Beispiel 74 Ah, was immerhin 15 Prozent mehr Kapazität und damit auch mehr Reserve bedeutet. Eine Garantie für einen sicheren Start nach kalter Nacht ist das aber auch nicht.

... wenn ich vor der Qual der Wahl einer neuen Batterie stehe?

Reicht die Billigmarke aus dem Baumarkt? Oder sollte es besser das Original-Ersatzteil vom Markenhändler sein? Es gibt nämlich einige Automodelle (Ford ab Baujahr 1997, der Rest der Branche zog bis 2002 nach), unter deren Motorhauben Batterien mit der Calcium-Silber-Technologie, auch CA 100-Batterien genannt, eingebaut wurden. Hier gilt: Wo Silber drin war, muss auch wieder Silber rein! Ford setzte zum Beispiel seit Ende der 90er Jahre bei einigen seiner Modelle ein verändertes Generator-Ladesystem zur Ladung der Starterbatterie ein, das mit einer Ladespannung von bis zu 14,8 Volt lädt. Damit liegt die Ladespannung um etwa 0,5 bis 0,6 Volt höher als bei herkömmlichen Hybrid- oder Antimonbatterien. Würde man eine solche als Ersatzbatterie in ein so ausgerüstetes Auto einsetzen, käme es zu erhöhtem Wasserverlust und Gasbildung. Die Gasungsspannung bei CA 100-Batterien beträgt ungefähr 15,8 Volt und bietet dadurch eine höhere Sicherheit gegen »Trockenfallen«.

CA 100-Batterien sind jedoch abwärtskompatibel, das heißt, sie können auch bei älteren Fahrzeugen mit der konventionellen Bordspannung verwendet werden. In diesem Fall machen sie ihren höheren Preis durch höhere Leistung und eine verlängerte Lebensdauer wett.

Wenn die nagelneue Batterie schon nach wenigen Tagen wieder leer und kraftlos ist, dann erreicht die Lichtmaschine wohl nicht mehr die üblichen 14,2 Volt Ladespannung. Aber kaufen Sie in diesen Fällen nicht gleich eine neue Lichtmaschine, sondern wechseln Sie nur den Regler! Das ist ein leicht aus dem Generator ausbaubares Bauteil, das im Zubehörhandel nur 25 Euro kostet.

... wenn die Kupplung nicht mehr kuppelt?

Von einem Moment auf den anderen lässt sich das Kupplungspedal ohne jeden Kraftaufwand durchdrücken. Beim nächsten Gangwechsel gibt es entweder ein herzzerreißendes Zähneknirschen aus der Schaltbox oder einen nicht zu überwindenden Widerstand am Schaltknüppel. Die Ursache ist meist schnell ausgemacht: Entweder ist der Seilzug der Kupplung gerissen, oder die Hydraulikflüssigkeit ist ausgelaufen.

In beiden Fällen ist mit Bordmitteln wenig zu machen, eigentlich müsste das Auto abgeschleppt werden. Für Routiniers (und das sind wir hinter dem Lenkrad doch fast alle, oder?) gibt es aber noch eine weitere Möglichkeit, die allerdings etwas Courage verlangt: Man lege bei stehendem (!) Motor den ersten Gang ein und starte. Das Auto wird sich ruckend in Bewegung setzen und der Motor schließlich anspringen. Sie sind im ersten Gang unterwegs, genau wie sonst nach dem Einkuppeln.

Das könnte jetzt kilometerlang so weitergehen, würde aber durch einen Wechsel des Ganges etwas stressfreier werden. Wenn das Auto in Bewegung ist, kann der Gang durch leichten Druck bei mittlerer Drehzahl in den Leerlauf gedrückt werden und dann, bei gleichzeitigem dosierten Gasgeben, in den zweiten

(oder gleich in den dritten) Gang gedrückt werden. Wer das einmal ausprobiert hat, wird erstaunt sein, wie gut das klappt! Für
den Stadtverkehr mit häufigem Wechsel von Stoppen und Anfahren ist das Verfahren natürlich weniger geeignet. Aber um
nachts bis ins nächste Dorf zu kommen, gibt es keinen besseren
Trick.

... wenn mein Kupplungspedal nicht von allein zurückkommt?

Es kommt einer blockierten Handbremse gleich: Sie treten auf die
Kupplung, legen einen Gang ein und ... das Pedal bleibt unten, am
Bodenblech auf dem Teppich! Im günstigeren Fall »schnippt« es
plötzlich hoch, und das Auto macht einen Satz nach vorne. Im
ungünstigeren Fall bleibt es unten und kann mit dem Fuß nur
mühsam nach oben geangelt werden. Den Satz nach vorne macht
der Wagen in diesem Fall auch, denn an ein dosiertes »Kommen-
lassen« der Kupplung ist so nicht zu denken.

Woran liegt das? Und was ist dagegen zu tun? Eine Möglichkeit
ist trivial: Die Rückstellfeder muss erneuert werden. Etwas schwie-
riger wird es schon bei Schwergängigkeit der Pedallagerung: Hier
helfen nur Ausbau, Säuberung und Schmierung des Pedalbocks
nebst anschließender Neumontage. Eine weitere Problemquelle
wird oft erst nach Durchführung der eben genannten Therapie
diagnostiziert: ein zugequollener Druckschlauch zwischen Geber-
und Nehmerzylinder der hydraulischen Kupplungsbetätigung!
Dieser Schlauch gibt den Druck aus dem Geberzylinder durch die
Kraft des zutretenden Fußes problemlos an den Nehmerzylinder
weiter, und die Kupplung trennt. Um kontrolliert einkuppeln zu
können, muss die Kupplungsdruckplatte die Hydraulikflüssigkeit
über den Nehmerzylinder durch den Druckschlauch wieder in den
Vorratsbehälter zurückdrücken. Genau das gelingt bei zugequolle-
nem Druckschlauch nicht, die Kupplung bleibt geöffnet. So lange,
bis der Schlauch erneuert ist ...

... wenn ich mit einem Wagen mit Handschaltung an der roten Ampel warte?

Sie sollten Ihrer Kupplung Gelegenheit zur Entspannung geben. Viele Leute warten mit eingelegtem Gang und durchgetretener Kupplung an der Haltelinie, bis die »Rennleitung« grünes Licht gibt. Und dann, wie von der Sehne schnellt, geht es weiter ... zur nächsten roten Ampel!

In der Tat spart man so einige Zehntelsekunden. Da es im Straßenverkehr aber nicht um die Pole Position geht, sollte man sich diese Unart abgewöhnen. Dafür gibt es handfeste technische Gründe: Die Druckplatte der Kupplung eines Mittelklassewagens übt auf die Kupplungsscheibe den Druck von mehreren hundert Kilo aus – die Kupplung soll ja schließlich nicht rutschen! Bei getretener Kupplung stützt sich diese Kraft gegen das Schwungrad und damit gegen die Kurbelwelle. Das Ganze geschieht bei laufendem Motor – da hat man den Verschleiß an den Schultern der Kurbelwellenlager förmlich vor Augen. So mancher, der mal an der Keilriemenscheibe seines Autos rütteln würde, bekäme einen Schreck! Das Axialspiel der Kurbelwelle führt zwar nicht sofort zum Motorschaden, beschleunigt aber den Verschleiß und lässt den Motor lauter werden. Außerdem läuft bei betätigter Kupplung das Ausrücklager unter voller Drucklast mit, dieses Teil geht deswegen auch als Erstes kaputt. Das macht sich beim Auskuppeln an Geräuschen und Vibrationen im Kupplungspedal bemerkbar.

Ratsam ist beim Ampelstopp daher eine entspannte Stellung des linken Beines neben dem Kupplungspedal, während der Schaltknüppel in Leerlaufposition steht; Zeit zum Kuppeln und Gangeinlegen bleibt in der Gelbphase genug.

... wenn mein Getriebe Öl verliert?

Zunächst ist zu klären, woher das Öl kommt. Meistens sind die Radialwellendichtringe an den Getriebeausgängen inkontinent. Der Austausch dieser Dichtelemente ist aber sehr teuer, weil das

Getriebe nicht nur ausgebaut, sondern auch noch zerlegt werden muss, um an die Dichtringe heranzukommen. Noch teurer kommt ein Leck, das beispielsweise durch einen heftigen Bodenkontakt entstanden ist: Risse im Getriebe sind irreparabel und ziehen immer den Einbau eines neuen Gehäuses nach sich.

Sind die Undichtigkeiten so groß, dass die Gefahr eines völligen Schmiermittelverlustes besteht, kann es insbesondere bei älteren Autos sinnvoll sein, ein gebrauchtes, aber dichtes Getriebe einzubauen. Mit etwas Glück ist das Gebrauchtteil nämlich billiger als die aufwändige Abdichtung der eigenen Schaltbox. Die Kosten für den Ein- und Ausbau bleiben dabei gleich.

Bei kleineren Undichtigkeiten (der abgebrühte Profi spricht hier gerne vom »Schwitzen« des Getriebes) ist kein unmittelbarer Handlungsbedarf gegeben. Allerdings leert steter Tropfen jedes Getriebe, und ein Schaden durch Mangelschmierung geht wieder ordentlich ins Geld. Warum also nicht einfach Öl nachfüllen? Au ja, werden Sie sagen, nur wo? Einen Peilstab für den Ölstand haben die wenigsten Getriebe, meist gibt es nur eine Einfüllschraube im Gehäuse, an der sich auch der Ölstand kontrollieren lässt. Durch diese Schraube muss der Schmierstoff ins Getriebe, und zwar bis nichts mehr hineingeht. Hilfreich sind dabei Ölflaschen, die einen Schlauch zum leichteren Befüllen im Deckel haben.

... wenn ich Schwierigkeiten beim Gangwechsel habe?

Nach einer kalten Nacht sind die Gelenke manchmal etwas steif, das gilt auch für Autos: Öle und Fette sind dann zäher als im betriebswarmen Zustand und setzen bewegten Teilen mehr Widerstand entgegen. Der Schalthebel sperrt sich nach dem Kaltstart manchmal richtig gegen den Gangwechsel, und im Extremfall geht gar nichts mehr.

Als Notbehelf bleibt oft nur das Abschalten des Motors, der Neustart muss dann mit eingelegtem Gang bei getretener Kupplung erfolgen. Wenn der Wagen dabei nach vorn hopst, liegt das Problem

klar auf der Hand: Die Kupplung trennt schlecht oder überhaupt nicht und verhindert daher den Gangwechsel bei laufendem Motor. Abhilfe schafft in diesem Fall ein Kupplungswechsel.

Wenn die Probleme mit wärmer werdendem Motor langsam verschwinden und das Ganze kurz nach einer Inspektion auftritt, würde ich die Werkstatt nach der Getriebeölsorte fragen, die eingefüllt worden ist. Moderne Schaltboxen sind anspruchsvoll im Hinblick auf das Schmiermittel. Das falsche Getriebeöl kann schnell für Karies an den Zahnrädern und Ebbe in der Kasse sorgen.

Bei hartnäckigen Schaltproblemen, die sich weder durch Zwischengas noch durch Doppelkuppeln überlisten lassen, lohnt ein Blick auf die Schaltung und deren Lager: Bei älteren Autos sind Letztere oft völlig verschlissen und führen buchstäblich ins Leere. Neuere Fahrzeuge wiederum leiden gelegentlich an dejustierten Schaltgestängen und -zügen, bei denen eine Neueinstellung wieder für seidenweiches Schalten sorgt.

... wenn meine Automatik spinnt?

Wer einmal den linken Fuß in die Ferien geschickt hat, sagt: Einmal Automatik, immer Automatik! Geräuschlos und ruckelfrei wechselt die Technik die Übersetzung. Dabei spielt es keine Rolle, ob ein Stufenautomat oder ein stufenloses Getriebe eingebaut ist: Komfortabler schalten kann man nicht. Und wartungsfrei ist eine Automatik auch, da gibt es keine Kupplung, die nachgestellt oder gewechselt werden muss.

Wartungsfrei? Nicht ganz! Wesentlich für die reibungslose Funktion sind die Menge und die Qualität des kurz »ATF« genannten Automatiköls. Im Gegensatz zum Schaltgetriebe hat eine Automatik immer einen Ölpeilstab. Der Ölstand wird bei laufendem Motor bei Wählhebelstellung »N« oder »P« geprüft. Genau wie beim Motoröl sollte der Ölstand zwischen der »Min.«- und der »Max.«-Markierung stehen, was leider oft nur schwer ablesbar ist. Fehlt ATF, muss es mit einem Trichter durch das Rohr des Peilstabs nachgefüllt werden. Wenn am Peilstab statt des transparent-roten

Öls schwärzlich-übelriechendes hängt, ist ein Wechsel des ATF ratsam, auch wenn der Hersteller von einer »Lebensdauerfüllung« spricht. Sie werden feststellen: Neues ATF fühlt sich an wie eine neue Automatik!

Ein häufiges Problem bei Automatikgetrieben sind allerdings verzögerte Gangwechsel. Oft wird viel zu lange mit »rutschendem« Getriebe durch die Gegend gefahren. Lange Schaltvorgänge zerstören jedoch die Kupplungen der einzelnen Gangstufen. Der Grund für diese Fehlfunktion ist meist trivial – oft schafft zum Beispiel eine Einstellung des Modulierdrucks (wie der Schaltdruck des Automatiköls im Getriebe genannt wird) Abhilfe. In solchen Fällen ist die Werkstattwahl besonders wichtig: Der Gang zum Spezialisten (Empfehlungen gibt's am Taxistand) ist hier unbedingt erforderlich, denn normale Autowerkstätten (auch Markenvertretungen!) raten fast immer zum Einbau eines teuren Austauschgetriebes.

... wenn meine Bremse steinhart ist?

Zuerst ein Schreck, und dann ... nichts! Oder fast nichts. Man tritt wie üblich aufs Pedal, doch nur ganz langsam wird das Auto gebremst. Wenn die Auslaufzone groß genug ist, geht diese Geschichte glimpflich aus. Aber wann hat man schon genügend Platz zum ungebremsten Ausrollen?

Warum ist das Pedal plötzlich hart wie ein Stein, und warum bremst die Karre nicht? Vielleicht war es ein Marder! Der liegt nicht etwa tot unter dem Pedal oder zwischen den Bremsbacken, hat aber unter Umständen den Unterdruckschlauch durchgebissen, der das Saugrohr mit dem Bremskraftverstärker verbindet. Dadurch hat dieser plötzlich keine Power mehr, und die zum Bremsen nötige Pedalkraft steigt um das Drei- bis Fünffache an. Dabei ist die Bremsanlage als solche nicht defekt, man könnte mit entsprechend kräftigem Tritt ganz normal bremsen. Allerdings fehlen dem durchschnittlichen PKW-Piloten die dazu nötigen Muskeln, eine baldige Reparatur erscheint also ratsam.

Der Funktionstest eines Bremskraftverstärkers läuft wie folgt:

Bei stehendem Motor mit dem Bremspedal pumpen, bis das Pedal hart und fast ohne Pedalweg ist, dann bei fest gedrücktem Pedal den Motor starten. Wenn unmittelbar danach das Bremspedal weich einsinkt, ist der Bremskraftverstärker okay.

Bleibt das Pedal hart und ohne Pedalweg, ist der Bremskraftverstärker defekt. Wenn jedoch der nächste Bremsvorgang trotz eines offenbar funktionierenden Bremskraftverstärkers nicht normal abläuft, liegt ein anderer Defekt der Bremsanlage vor. Denkbar sind etwa völlig abgenutzte Bremsklötze, die gegen die Spreizfeder im Bremssattel nicht mehr an die Bremsscheibe gedrückt werden können.

... wenn mein Auto nicht mehr rollt?

Im Mai werden aus Garagen und Scheunen Motorräder und Cabrios ans Licht geholt, die gerne als »Sommerfahrzeuge« bezeichnet werden. Viel wird geschrieben über das Ein- und Ausmotten, in der Praxis scheitert man aber oft schon beim Herausschieben des Fahrzeuges.

Mancher meint es nämlich besonders gut und zieht die Handbremse an, wenn er im Herbst das Auto abstellt. Nach sechs Monaten lässt sich selbige dann oft nicht mehr betätigen, weil die Seilzüge unauflöslich mit den Bowdenzughüllen zwischen Handbremshebel und Bremsbacken zusammengerostet sind. Hier helfen nur eine komplette Demontage der Handbremsmechanik und die Erneuerung der Handbremszüge. Ein weiteres Problem kann aus gequollenen Bremsschläuchen resultieren: Sind sie zu alt, wachsen sie regelrecht zu und lassen den Bremsdruck aus den Bremszylindern und -zangen der Bremsanlage nicht wieder in den Hauptbremszylinder zurück. Die Wirkung ähnelt der einer angezogenen Handbremse. Auch überalterte Bremsflüssigkeit sorgt während der Winterpause sehr häufig für hässliche Korrosion in den Zylindern der Bremsanlage, was zu Undichtigkeiten und Blockaden der Beläge führen kann.

Wer also mit nur noch schwer oder gar nicht mehr rollenden

Vehikeln Probleme hat, ist beim Einmotten offenbar nicht an der Bremsanlage tätig gewesen! Denn wenn die Bremsflüssigkeit zu alt ist, trägt sie durch ihren hohen Wassergehalt zu Korrosionserscheinungen in den Bremszylindern bei, die dann irgendwann »fest gehen«. Zur Erinnerung: Die Bremsflüssigkeit sollte maximal zwei Jahre und die Bremsschläuche höchstens acht Jahre im Auto bleiben. Beide Komponenten gehören, genauso wie die Bremsbeläge, zu den Verschleißteilen!

... wenn ich meine Bremsen entlüften will?

Wer genau weiß, was er tut, darf an der Bremshydraulik auch selbst Hand anlegen. Dazu braucht man Ruhe und Konzentration, also arbeitet man am besten allein. Spätestens beim anschließenden Entlüften der Bremsanlage fehlt dann aber der zweite Mann.

Rettung bietet folgende Idee: Benötigt wird ein Fahrrad- oder Mopedschlauch, der gegenüber vom Ventil einfach durchgeschnitten wird. Das eine Ende wird luftdicht verknotet, das andere über den offenen und gut gefüllten Vorratsbehälter für die Bremsflüssigkeit gezogen. Das Ganze wird dann noch mit einer passenden Schlauchschelle gegen Abrutschen gesichert.

Vor der eigentlichen Entlüftung muss nun mit der Fahrradpumpe Druck auf den Schlauch gegeben werden, bis der Schlauch von alleine steht. Nach diesen Vorarbeiten fehlen noch ein transparenter Wasserschlauch (der auf den Entlüftungsnippel des Bremszylinders passt), ein sauberes Glas und ein sogenannter Leitungsschlüssel (ein offener Ringschlüssel), um den eigentlichen Job durchzuführen. Der Schlauch wird nacheinander bei jedem Rad auf den Entlüfternippel des Bremszylinders bzw. des Bremssattels gesteckt, dann wird mit dem Leitungsschlüssel der Nippel geöffnet. Durch den Schlauch sieht man erst Luftblasen, dann nur noch Bremsflüssigkeit fließen. Wer immer wieder frische Bremsflüssigkeit in den Vorratsbehälter nachgießt, kann auf diese Weise auch die Bremsflüssigkeit komplett wechseln. Wenn nur noch saubere Bremsflüssigkeit aus dem

Entlüfternippel kommt, muss dieser wieder geschlossen werden. Wenn diese Übung an allen vier Rädern erledigt ist, ist das Bremssystem entlüftet und die Bremsflüssigkeit erneuert.

... wenn meine Bremsen quietschen?

Häufig wird in der Werkstatt in diesem Zusammenhang auf ein neuerdings in den Belägen fehlendes »Zusatzmittel« verwiesen, das für die Quietscherei verantwortlich sei. Was die Jungs dabei wahrscheinlich meinen, ist Asbest. Dieses Material darf seit 1990 nicht mehr in Reibbelägen verwendet werden. Als damals die ersten asbestfreien Bremsbeläge auf den Markt kamen, wurde jedes Quietschen prompt dem fehlenden Asbest in die Schuhe geschoben. Das ist nun aber schon einige Zeit her ...

Der langen Rede kurzer Sinn: Ursache ist meistens Belagabrieb, der sich in den Bremssätteln sammelt und die Bewegung der Bremsklötze im Sattel behindert.

Wenn eine gründliche Reinigung der Bremse mit einem Dampfstrahler (hinterher bitte das Trockenbremsen nicht vergessen!) keine Besserung bringt, ist folgendes Verfahren angebracht: Die Bremsklötze werden ausgebaut, die Schächte der Bremssättel vom Bremsabrieb gesäubert und die Bremsbeläge gegebenenfalls erneuert. Vor allem ist zu beachten, dass die Bremsklötze anschließend nicht einfach »trocken« in die Bremssättel gesteckt, sondern mit Brake-Lube oder Kupferpaste auf den Flanken und der Rückseite der Belagträgerplatte (keinesfalls auf den Belägen!) eingebaut werden. In der Werkstatt drückt man sich unverständlicherweise oft um diesen Arbeitsschritt herum, dabei kostet eine Tube Kupferpaste weniger als zehn Euro und hält ewig.

Zum Schluss noch eine Warnung: Wer kein Bremsen-Profi ist, sollte beim ersten Reparaturversuch einen Fachmann zu Rate ziehen. Die Bremshydraulik ist kein Hexenwerk, verlangt aber neben Konzentration bei der Arbeit nach einigen Grundkenntnissen.

... wenn die Bremsflüssigkeit weniger wird?

Simples Nachfüllen würde nur das Symptom bekämpfen, nicht jedoch die Ursache! Ein hydraulisches Bremssystem ist ein geschlossener Kreislauf, aus dem die Bremsflüssigkeit normalerweise nicht verlorengehen kann. Wenn der Stand des Hydraulikmediums im Vorratsbehälter langsam sinkt und vielleicht sogar die Minimalmarke unterschreitet, kommen daher zwei Ursachen in Frage. Die erste ist unkritisch, weil systembedingt: Da sich die Beläge der Scheibenbremsen abnutzen, wandern die Bremskolben peu à peu immer weiter aus den Bremszangen heraus, damit beim Bremsen der Kontakt zwischen Bremsbelag und Bremsscheibe hergestellt werden kann. Und den Raum hinter dem Kolben im Bremszylinder füllt eben die Bremsflüssigkeit aus dem Vorratsbehälter. Wenn dieser scheinbare Bremsflüssigkeitsverlust durch Nachfüllen ausgeglichen wird, läuft der Vorratsbehälter beim nächsten Wechsel der Bremsbeläge beim Zurückdrücken der Bremskolben über. Man muss also vorher Bremsflüssigkeit absaugen. Mit anderen Worten, das Nachfüllen ist überflüssig.

Wenn der Bremsflüssigkeitspegel allerdings sehr schnell und wiederholt sinkt, ist Gefahr im Verzug! In diesem Fall hat das Bremssystem ein Leck, durch das Bremsflüssigkeit auf die Straße läuft. Und das kann sehr schnell lebensgefährlich werden, denn ohne Bremsflüssigkeit ist keine Bremsung mehr möglich. Wenn also innerhalb weniger Tage mehrmals die Warnleuchte der Bremsflüssigkeit aufleuchtet, muss das Auto sofort in die Werkstatt!

... wenn mein Anlasser trotz Starthilfe nur müde dreht?

Sind die Kabel richtig angeschlossen? Die roten Zangen gehören jeweils an die Pluspole der beteiligten Batterien. Die schwarzen Zangen sollten hingegen nicht an die Minuspole angeschlossen werden: Im Extremfall könnte die völlig entladene Batterie des zu

startenden Wagens einen so großen Widerstand aufbauen, dass der Saft des Spenderfahrzeuges nicht zum schnellen Drehen des Anlassers ausreicht. Um das zu vermeiden, muss die Minuspolzange an ein gut leitendes Metallteil des »stromlosen« Autos geklemmt werden.

Was aber, wenn auch diese Maßnahme keine Drehzahlzunahme des Starters auslöst? Denkbar ist dann zum Beispiel ein Missverhältnis der beteiligten Fahrzeuge: Die Batterie eines VW Polo kann einen kältesteifen Sechszylinder-Dieselmotor einfach nicht in Bewegung setzen. Das Spenderfahrzeug sollte deshalb immer der gleichen Klasse wie das startunwillige Auto angehören. Am wichtigsten ist jedoch die Materialfrage! Ein billig im Baumarkt gekauftes Starthilfekabel mit einem Kabelquerschnitt von 10 mm^2 und Polzangen, deren Federn schon nach einigen Zangenbewegungen zu erlahmen beginnen, kann den zur Starthilfe benötigten Strom einfach nicht übertragen. Empfehlenswert sind Kabelquerschnitte ab 32 mm^2 und Polzangen, die ihren Namen verdienen. Diese Kabel gibt es nur im Fachhandel und kosten deutlich mehr als die übliche Ware. Dafür verbrennen Sie sich dann aber auch nicht die Finger am flüssig gewordenen Plastik der Isolierung.

... wenn sich beim Drehen des Zündschlüssels nichts tut?

Wenn die Innenbeleuchtung funktioniert und beim Drehen des Zündschlüssels auch anbleibt, dürfte die Batterie nicht das Problem sein. Wenn das Lämpchen allerdings bei diesem Test ausgeht, sorgt Starthilfe durch ein anderes Fahrzeug wahrscheinlich für Abhilfe.

Bleibt der Anlasser trotz Starthilfekabel still, wird es kompliziert. Als Ursache des Problems kommt jetzt nur noch der Anlasser selbst oder die Verkabelung in Frage. Geprüft werden müssen darum zunächst die dicken Kabel an den Batteriepolen. Diese müssen fest sitzen und am jeweils anderen Ende ebenfalls einen vertrauenswürdigen Eindruck machen. Aus Ersparnisgründen wird nämlich das Massekabel zwischen dem Batterieminuspol und der Karosserie oft minderwertig ausgeführt und zerbröselt irgendwann regelrecht. Für den Anlasserstromkreis ist es dann nicht mehr zu gebrauchen. Sollte dies der Fall sein, kann man sich bei jedem Autoelektriker ein neues, qualitativ viel besseres anfertigen lassen und einfach gegen das alte austauschen. Das rote Pluskabel läuft vom Pluspol der Batterie zur Anlasserklemme und versorgt den Anlasser mit dem vollen Strom, der mehrere 100 Ampere betragen kann.

Wenn diese Kabelwege in Ordnung sind und sich trotzdem nichts tut, bleibt als letzter Verdächtiger der Magnetschalter auf dem Anlasser und dessen Kabelverbindung zum Zündschloss übrig. Der Magnetschalter ist eigentlich ein großes Relais, das mit dem Steuerstrom des Zündschlosses gesteuert wird und den Stromkreis zwischen Batterie und Anlasser schließt. Wenn der Magnetschalter defekt ist, muss der ganze Anlasser zusammen mit dem Magnetschalter erneuert werden.

... wenn ich meine Zündkabel vertauscht habe?

Das ist nun wirklich trivial: Fünf Kabel sind es, davon läuft eins von der Zündspule zum Verteiler, die anderen vier kommen von der Verteilerkappe und enden an den Zündkerzen. Ein Wechsel der Zündkabel, zum Beispiel nach einem Besuch von Herrn Marder oder einem Wechsel der Verteilerkappe, ist also kein Problem.

Wirklich nicht? Sind die Kabel nämlich erst einmal abgesteckt und unter der Motorhaube hervorgeholt, fehlt jeder Anhaltspunkt für die richtige Reihenfolge auf der Verteilerkappe und den Zündkerzen. Sind alle Zündkabel so lang, dass sie theoretisch in alle Buchsen passen würden, ist jede Kombination möglich und der Sonntagnachmittag mit Kabeltauschen versaut.

Die Lösung ist theoretisch komplex und praktisch ganz leicht: Als Erstes ist aus den technischen Daten die Zündfolge zu ermitteln. Beim Vierzylinder-Otto-Motor heißt die Zündfolge in der Regel 1-3-4-2, seltener 3-1-4-2. Die für den eingebauten Motor

richtige Zündfolge ist meistens in den Block eingegossen oder auf einem Aufkleber irgendwo im Motorraum vermerkt. Die Zahlen der Zündfolge benennen den jeweiligen Zylinder, wobei der erste immer der auf der Seite ist, wo sich auch der Keilriemen befindet. Mit dem fängt man an, wobei man erst den Kerzenstecker auf die Zündkerze und das andere Ende in die Verteilerkappe steckt. Für das weitere Vorgehen muss klar sein, in welche Richtung der Verteiler dreht – mit oder gegen den Uhrzeigersinn. Um das festzustellen, kann man den Anlasser kurz bei demontierter Verteilerkappe in Betrieb nehmen, während ein Helfer den Verteilerläufer im Auge behält. Wenn der Verteiler im Uhrzeigersinn dreht, kommt das nächste Zündkabel auf die Kerze des dritten Zylinders und in die Verteilerkappe in die Buchse rechts neben das Kabel von Zylinder 1. Weiter geht es rechts davon zu Zylinder 4, und das letzte Zündkabel läuft dann zu Zylinder 2.

Wenn alles richtig gesteckt ist, wird der Motor spontan anspringen. Wenn nicht, setzen Sie bitte alles auf »Anfang« und lesen diesen Text noch einmal genau durch ...

... wenn mein Auto penetrant nach Sprit stinkt?

Der Benzingeruch kommt, wer hätte das gedacht, aus den kraftstoffführenden Teilen des Autos. Das sind neben dem Tank vor allem die Kraftstoffleitungen. In Frage kommt aber auch ein sabbernder Reservekanister oder ein verlorener oder schlecht aufgesetzter Tankdeckel. So etwas lässt sich leicht beheben.

Wenn der Geruch nur kurz nach dem Tanken auftritt und dann wieder verschwindet, hat man einfach nur zu voll getankt. Der aus dem Erdtank kühl in den Autotank gekommene Sprit dehnt sich nämlich bei sommerlichen Temperaturen stark aus und läuft (wenn er anderswo keinen Platz mehr findet) über die Tankentlüftung ins Freie. Dort verdunstet er und macht sich olfaktorisch unangenehm bemerkbar.

Die am häufigsten auftretende, doch oft zuletzt gefundene Ursache sind allerdings die Kraftstoffleitungen. Diese bestehen teilweise aus Kunststoff und besitzen eine Außenhülle aus Textilge-flecht. Dieses Geflecht soll die Druckfestigkeit der Schläuche er-höhen (obwohl man es beim Benziner nur mit maximal 4 Bar zu tun hat). Der Kunststoff der Schläuche altert mit den Jahren und wird porös. Dann beginnt Kraftstoff durch den Schlauch nach außen zu sickern und schließlich die textile Schlauchummante-lung zu tränken. Das lässt sich besonders schön unmittelbar nach dem Start des Motors beobachten, wenn die bis eben unscheinbar grauen Schläuche plötzlich schwarz und feucht glänzend erschei-nen. Bleibt dann noch bei der Griffprobe eindeutig Benzin an den Fingerspitzen zurück, steht die Diagnose fest: Die Schläuche müs-sen erneuert werden. Dazu kann man Meterware aus dem Auto-zubehör kaufen (bitte die teurere Qualität mit innenliegender Ge-webeverstärkung!) und nach dem Muster der alten Schläuche selbst ablängen. Der Einbau ist selbsterklärend...

... wenn ich eine defekte Lambdasonde vermute?

Wenn das Auto plötzlich mehrere Liter mehr Benzin pro 100 km verbraucht, sollte man immer zuerst die Lambdasonde überprüfen. Das ist leicht gesagt, werden Sie denken. Wie soll man denn ohne Diagnosecomputer prüfen, ob die Sonde noch ihre Funktion erfüllt?

Doch es gibt eine ganz einfache Methode für einen ersten Check: Drehen Sie bei warm gefahrenem, im Leerlauf drehendem Motor den Öleinfülldeckel am Ventildeckel heraus. Wenn alles in Ordnung wäre, müsste der Motor kurz etwas Drehzahl verlieren und sich dann schnell wieder erholen. Das Öffnen des Öleinfüll-deckels ändert nämlich die Druckverhältnisse im Kurbelgehäuse und damit auch die Menge des »Blow-by-Gases« (das sind die an den Kolben vorbei ins Motorinnere gedrückten Verbrennungsgase), das über die Kurbelgehäuseentlüftung in den Ansaugtrakt geblasen wird. Dadurch verändert sich wiederum der Sauerstoffgehalt des Abgases, den die Lambdasonde als Regelgröße benutzt. Die Sonde müsste also in Form von veränderten Spannungssignalen an das

Steuergerät reagieren, um auch mit dieser Störung im System »ideal sauberes« Abgas entstehen zu lassen. Wenn sich nach dem Öffnen des Öleinfülldeckels aber nichts an der Drehzahl ändert, dürfte die Lambdasonde hinüber sein. Eine genauere Prüfung erfordert dann schon ein Vielfachmessinstrument, mit dem die Regelspannung an der Signalleitung der Lambdasonde gemessen wird. Die Werte müssen zwischen 0,4 und 0,7 Volt schwanken. Die Signalleitung ist meistens schwarz, die beiden Heizleitungen weiß und die Masseleitung braun.

... wenn ich Normal- statt Superbenzin tanken will?

Zunächst wahrscheinlich gar nichts! Wenn Sie nämlich mit einem Auto fahren, dessen Einspritzelektronik über einen Klopfsensor verfügt (das ist bei der Mehrzahl aller maximal 15 Jahre alten Autos der Fall), stellt sich der Motor auf die schlechtere Kraftstoffqualität ein. Dabei wird der Zündzeitpunkt etwas zurückgenommen und der Einspritzzeitpunkt angepasst. Dadurch kommt es nicht zum gefürchteten »Klingeln«, das auf die Dauer zu Motorschäden führen würde.

Wer jetzt beruhigt zum Normal-Zapfhahn greift, ist aber keineswegs ein schlauer Sparfuchs. Erstens kostet Normal inzwischen genau so viel wie Super. Zweitens liegt der Heizwert von Super etwa 1,5 Prozent höher als der von Normalbenzin. Entsprechend fällt die Motorleistung aus. Für eine vergleichbare Geschwindigkeit muss daher bei Normalbenzin im Tank mehr Gas gegeben werden, was natürlich den Verbrauch in die Höhe treibt.

Um sich einen Eindruck von der Wirksamkeit Ihrer Sparbemühungen zu verschaffen, sollten Sie bei Ihrer Rechnung die Einheit »Liter pro 100 km« durch die Einheit »Euro pro 100 km« ersetzen. Dann tanken Sie Ihren Tank mit Superbenzin voll und verfahren seinen Inhalt auf einer definierten, wiederholbaren Strecke. Anschließend tanken Sie wieder voll, diesmal jedoch mit Normalbenzin. Nachdem Sie Ihre Teststrecke ein zweites Mal befahren

haben, wird Kasse gemacht: Wie viel haben die 100 km mit Super gekostet und wie viel die 100 km mit Normal? In den meisten Fällen liegen die Kosten mit Normalbenzin höher, und zwar um mehr als 1,5 Prozent.

... wenn ich den falschen Kraftstoff getankt habe?

Passiert ist es schnell: In der Hektik am frühen Morgen greift man zur Zapfpistole und tankt voll. Beim Bezahlen kommt der Schock: Statt Super-Diesel schwappt jetzt Super Bleifrei im Tank. Und das Mädchen an der Tankstellenkasse zuckt bloß bedauernd mit den Schultern. Ihnen bleibt nur eins: Der Griff zum Handy und der Anruf beim Abschleppdienst! Fahren können und dürfen Sie mit Ihrem Auto nicht, zu groß ist die Gefahr, dass die Einspritzanlage durch den falschen Kraftstoff völlig zerstört wird. Dabei gilt die Regel: Je moderner das Auto, desto größer die Gefahr eines teuren Schadens. Vor Jahren habe ich einen Ford Transit mit Direkteinspritzer-Diesel trotz Benzin im Tank noch 6 km in den rettenden Heimathafen chauffieren können (bitte nicht nachmachen!). Im Zeitalter von Common-Rail und Rußfilter ist so etwas aber völlig unmöglich.

Ist das Auto in der Werkstatt, muss der falsche Kraftstoff abgepumpt und entsorgt, die Leitungen gespült und der Kraftstofffilter gewechselt werden. Die Kosten dafür liegen bei etwa 200 bis 300 Euro. Wird jedoch mit dem falschen Kraftstoff gefahren, kann die Rechnung deutlich höher ausfallen: 3.000 Euro für eine neue Einspritzanlage nebst Zylinderkopf und Einbau sind schnell erreicht.

Fast völlig problemlos verläuft so ein Missgeschick hingegen bei alten Vorkammer-Dieseln à la 200 D oder Golf II Diesel. Hier schrieb der Hersteller für den Winterbetrieb sogar die Beimischung von Normalbenzin vor, um die Fließfähigkeit des Kraftstoffes zu sichern. So ändern sich die Zeiten.

Der umgekehrte Fall ist übrigens genau so schnell passiert: Die sehr ähnlichen Beschriftungen der Zapfpistolen generieren geradezu »Fehlgriffe« – und schon ist statt Super-Benzin Super-Diesel im Tank des Autos mit dem hochdrehenden Einspritz-Benzinmotor. Es kann einige Zeit dauern, bis man die Verwechslung bemerkt; von der Tankstelle ist man meistens schon runter, bevor sich die ersten Ruckler einstellen: Zunächst wird noch Benzin in die Brennräume gespritzt; dessen Dieselanteil erhöht sich kontinuierlich, und irgendwann kommt nur noch weißer Rauch aus dem Auspuff, weil der Motor den ungewohnten Treibstoff nicht verträgt und weitgehend unverbrannt ins Freie spuckt. Dabei passiert das Abgas natürlich den Katalysator und sättigt dessen mit Platin beschichteten Keramikkörper mit unverbranntem Diesel. Um einen Abschleppwagen wird man spätestens jetzt nicht mehr herumkommen, professionelle Hilfe ist das Mittel der Wahl. In der Werkstatt wird man mehr oder weniger aufwendig reparieren: Abpumpen und Entsorgen des falschen Kraftstoffes, Wechseln des Kraftstofffilters, Spülen der Kraftstoff- und Einspritzleitungen.

Der anschließende Fahrversuch zeigt, ob es Folgeschäden gegeben hat (die allerdings seltener und vor allem nicht so kostspielig sind wie beim Dieselmotor). Interessant ist dabei das Verhalten des Katalysators: Übersteht er das »Freibrennen« im laufenden Betrieb oder überhitzt er und zerstört sich dabei selbst? Hier liegen die Chancen bei 50:50. Die nächste Abgasuntersuchung wird das Ergebnis bringen ...

... wenn ich den Tank meines Diesels restlos leergefahren habe?

Na, tanken natürlich ...

Leider wird der Selbstzünder auch mit frischem Treibstoff Probleme mit dem Anspringen haben, weil nämlich Luft in die Dieselleitungen eingedrungen ist! Diese ist im Gegensatz zu Dieseltreibstoff komprimierbar und wird daher nicht aus den Einspritzdüsen geblasen.

Aber der Reihe nach: In grauer Vorzeit, zu Zeiten von Vorkammermotoren Benz'scher Prägung, gab es noch Entlüfterstößel neben der Dieseleinspritzpumpe. Wer damals ohne Sprit auf offener

Strecke liegenblieb, tankte aus dem Kanister nach und pumpte mit besagtem Stößel, bis ein schnarrendes Geräusch von genügend Druck im Dieselsystem kündete. Anschließend sprang der Selbstzünder an und lief kurz darauf wieder rund. Diese Motoren hatten allerdings noch eine unabhängige Schmierung der Dieseleinspritzpumpe, die darum auch ohne Diesel»öl« nie trockenlief.

Genau daran gebricht es modernen Verteilereinspritzpumpen und Pumpe-Düse-Einheiten: Wer nach dem Auftanken das Kraftstoffsystem seines völlig entleerten Diesels mit Hilfe des Anlassers entlüften will, nimmt schwere Beschädigungen der teilweise trocken laufenden und damit ungeschmierten Einspritzpumpe in Kauf. In der Mehrzahl der Fälle wird ein so entlüfteter Motor zwar anspringen, doch der Verschleißvorrat der Dieseleinspritzpumpe ist durch diese Aktion deutlich verringert worden.

Mein Rat für Fälle wie diesen: Lassen Sie Ihr Fahrzeug lieber abschleppen und von Fachleuten betanken! Einspritzpumpen kosten nämlich ein Mehrfaches der Abschleppkosten.

... wenn ich auf einer Messe Wundergeräte zum Benzinsparen sehe?

Häufig findet man auf Messen seriöse Herren, die kenntnisreich die Abläufe in Verbrennungsmotoren erklären. Nach der theoretischen Einführung kommt eine Demonstration an Versuchsaufbauten oder eine Bildschirmvorführung, bei der sich schnell folgende Erkenntnis zeigt: Die thermodynamischen Vorgänge im Motor sind so simpel und so leicht zu optimieren, dass der Einsatz des beworbenen Gerätes echte Wunder vollbringt! Mit Zündverstärkern verläuft die Explosion im Brennraum viel heftiger, mit magnetischen Kraftstoff-Homogenisierern werden die Treibstoffmoleküle neu ausgerichtet und zu ungeahnten Leistungen motiviert, und der aus Funk und Fernsehen bekannte Festschmierstoff Teflon setzt die innere Reibung und damit den Benzinverbrauch um die Hälfte herab. Da sind 119,90 Euro für das Benzinspar-Kit doch fast geschenkt ...

Wer sich in dreißig Minuten vom interessierten Laien zum Motorenfachmann hat weiterbilden lassen, weiß den Spareffekt der neu erworbenen Geräte erst richtig zu schätzen! Um die eingangs gestellte Frage seriös zu beantworten, rate ich allerdings von dieser Art Weiterbildung ab! Die drei genannten und die zahllosen nicht genannten Benzinspargeräte dienen nämlich nur einem einzigen Zweck: Sie optimieren den Kontostand ihrer Vertreiber! Wenn Sie also wieder mal Zeuge einer dieser faszinierenden Vorführungen werden: Genießen Sie die Show, und rechnen Sie sich aus, wieviel Sprit Sie mit 119,90 Euro kaufen können.

... wenn mein Abblendlicht nicht funktioniert?

Da wir hier von einem Totalausfall beider Scheinwerfer reden, erspare ich Ihnen den Tipp mit der neuen Lampe. Die Wahrscheinlichkeit eines plötzlichen und gleichzeitigen Lampendefektes liegt zwar nicht völlig bei null, aber nahe daran. Die Ursache ist also eher im Bereich der Spannungsversorgung oder der Verkabelung zu suchen. Gar nicht so selten sind defekte Lichtschalter, zu denen wir später kommen.

Erster Prüfpunkt bei partieller Dunkelheit an der Fahrzeugfront ist immer der Sicherungskasten. Welche Sicherung für die Scheinwerfer zuständig ist, steht in der Bedienungsanleitung oder auf dem Aufkleber im Deckel der Zentralelektrik. Ein simpler Austausch der Sicherung (die fast immer als Ersatz im Deckel des Sicherungskastens steckt) verschafft schnell Klarheit über die Tragfähigkeit der Diagnose.

Wenn auch mit dem erneuerten Leitungsschutz nichts Erhellendes passiert, kann einfaches Abziehen und Wiederaufstecken des Lampensteckers für den gewünschten Aha-Effekt sorgen. Bleibt dieser aus, kann nur mit einer Prüflampe ergründet werden, ob überhaupt Strom aus dem Kabel kommt. Wenn das nicht der Fall ist, liegt es entweder an einem Kabelbruch oder an einem Defekt des Lichtschalters. Der ist bei älteren Autos einfach ins Arma-

turenbrett gesteckt und entsprechend leicht demontierbar. Eine Büroklammer als Drahtbrücke ersetzt den Schalter provisorisch (oder sorgt für einen Kurzschluss – Vorsicht!)

Wird es jetzt hell? Immer noch nicht? Dann bleiben nur noch der Weg zum Kfz-Elektriker und ein Auftrag zum Überprüfen des Kabelbaums der Lichtanlage.

... wenn mir dauernd die Lampen durchbrennen?

Die Gründe für häufige Lampendefekte können vielfältig sein. Früher waren Montagefehler, schlechtes Material und schlechte Straßen mit vielen Schlaglöchern die Hauptursachen für »Einäugige« im Straßenverkehr. Heute sind die Lampen der Markenhersteller von hoher Qualität und einer Brillanz, die noch vor wenigen Jahren undenkbar war. Trotz allem gibt es immer wieder Autos, deren Fahrer von ständigen Ausfällen der Beleuchtung berichten.

Leider ist bei modernen Autos ein schneller und einfacher Lampenwechsel kaum noch möglich, dauernde Defekte sind darum besonders ärgerlich. Wer diese Erfahrung auch gemacht hat, sollte sich einmal zu einem Auto-Elektriker begeben und die Bordspannung in den Anschlusssteckern der Scheinwerferlampen messen lassen. Die Prüfspannung einer H4- oder H7-Scheinwerferlampe liegt bei 13,2 Volt, die Messwerte für die Bordspannung sollten diesem Wert entsprechen. In vielen Fällen gibt die Lichtmaschine in bestimmten Situationen aber plötzlich deutlich höhere Spannungen ab. Wird die normale Bordspannung nur um 5 Prozent (ca. 0,7 Volt) überschritten, reduziert sich die Lebensdauer der Scheinwerferlampe auf die Hälfte oder wird sogar abrupt beendet.

Ergeben die Messungen Werte, die über 13,2 Volt liegen, kann der Einbau von genau berechneten »dämpfenden« Widerständen in die Lichtleitung für eine längere Lebensdauer der Lampen sorgen. Treten nur sporadische Spannungsspitzen auf, könnte man mit einem neuen Regler die Lichtmaschine beruhigen.

... wenn auch die ausgewechselte
Scheinwerferlampe nicht leuchtet?

Ich möchte auf eine Gesetzmäßigkeit hinweisen, die schließlich
zur Lösung des Problems führen könnte: Ist bei Ihrem Auto auch
immer die Scheinwerferlampe defekt, an die man nicht »mal eben
schnell« herankommt? Eine Seite ist in der Regel fast völlig frei
zugänglich (jedenfalls bei den Autos, bei denen die Bedienungsanleitung nicht die Fachwerkstatt für den Lampenwechsel empfiehlt!), dafür sind auf der anderen Seite immer die Servopumpe,
die ABS-Reglereinheit und schließlich auch noch die Batterie hinter den Scheinwerfer gequetscht worden. Vor dem Wechsel der
Lampe ist also die Demontage des halben Motorraumes erforderlich (was den Werkstatt-Tipp in der Bedienungsanleitung plötzlich
in einem völlig anderen Licht erscheinen lässt). Wenn Sie sich
schließlich zur Lampe vorgearbeitet haben, stellen Sie wahrscheinlich überrascht fest, dass die Glühwendel völlig intakt ist
und ein zur Probe angeschlossener Durchgangsprüfer fröhlich
piept. Wenn jetzt noch die Probe mit der Prüflampe einen funktionierenden Stromkreis ergibt, ist guter Rat teuer! Hier ist die
Lösung: Die Batterie ist schuld – genauer gesagt die Säuregase,
von denen sie ständig mehr oder weniger umgeben ist und die eine
recht korrosive Atmosphäre bilden. Die Steckkontakte der Scheinwerferlampe sind diesen Gasen fast ungeschützt ausgesetzt und
bilden deswegen eine Oxidschicht, die fast wie ein Isolator wirkt.
Und was jetzt? Etwas Kontaktspray aus dem Autozubehörhandel
gezielt in den Stecker gesprüht, das ist alles.

... wenn die Rückfahrleuchten nicht
funktionieren?

Eigentlich geht es ganz gut ohne, jedenfalls bei ausreichendem Tageslicht. Wenn allerdings nachts beim Rückwärtsfahren die Müll-
tonnen nur mit viel Glück unverbeult bleiben, sollte man vielleicht
mal nach den Rückfahrleuchten sehen. Schließlich müssen Be-

leuchtungseinrichtungen, die am Auto angebracht sind, auch funktionieren! Wenn die Reservebirnen aus der Ersatzlampenbox nichts nutzen, müssen Sie einen Blick unter die Motorhaube werfen. Im Getriebe eingeschraubt sitzt dort ein meistens gut erreichbarer Schalter, der durch das Einlegen des Rückwärtsgangs betätigt wird. Dieser Schalter ist über einen aufgesteckten Stecker mit den Rückfahrleuchten verbunden. Zur Prüfung müssen Sie diesen Stecker abziehen und bei eingeschalteter Zündung seine Kontakte überbrücken. Wenn die Rückfahrleuchten jetzt leuchten, muss ein neuer Schalter her. In vielen Fällen hilft der Zubehörhandel mit entsprechenden Ersatzteilen. Manchmal muss allerdings ein Originalteil beim Vertragshändler gekauft werden, weil Zusatzfunktionen über den Schalter gesteuert werden.

Sollten die Rückfahrleuchten bei der Überbrückung aber immer noch dunkel bleiben, ist der Schalter in Ordnung. Dann ist entweder nur eine Sicherung defekt oder das Kabel zwischen Schalter und Leuchteneinheit unterbrochen. In diesem Fall hilft ein zu Testzwecken zunächst außen am Auto verlegtes Kabel, das den normalen Kabelweg ersetzt. Bei Erfolg können Sie das »Hilfskabel« immer noch unsichtbar im Auto verlegen.

... wenn mein Auto beim Starten qualmt?

Jede Rauchfarbe lässt sich einer anderen Ursache zuordnen. Nehmen wir zunächst einmal den weißen Rauch, der nicht nur beim Start, sondern auch an jedem Ampelstopp deutlich sichtbar aus dem Auspuffrohr quillt. Hierbei handelt es sich in aller Regel um Wasserdampf, der während des Motorlaufs generell anfällt. Wenn der Motor einen Liter Benzin verbrennt, entstehen knapp 0,7 Liter Wasser, das den Motor als Dampf durch den Auspuff verlässt. Der Rest sind CO_2 und diverse Schadstoffe. Wenn der weiße Rauch aus dem Auspuff jedoch besonders dicht ist und gar kein Ende mehr nimmt, besteht er aus Kühlwasser. Die Ursache könnte eine defekte Zylinderkopfdichtung sein, und die muss schleunigst repariert werden.

Ist der Rauch aus dem Auspuff schwarz, läuft der Motor deutlich zu fett. Das bedeutet, dass der angesaugte Kraftstoff unvollständig verbrannt wird und extrem schadstoffhaltige Abgase bildet. Als Ursache kommen ein falsch eingestellter Vergaser oder eine Störung der Benzineinspritzung in Frage. So etwas ist grundsätzlich ein Fall für die Werkstatt.

Vielleicht liegt es aber auch nur an einer Fehlbedienung des Gaspedals während des Anlassens. Fuß weg vom Gaspedal!

Blauer Rauch schließlich deutet auf verbranntes Motoröl hin, was bei Motoren mit hoher Laufleistung öfters vorkommt. Ursache sind meistens verhärtete Ventilschaftdichtungen, die Öl in den Brennraum sickern lassen. Das Ersatzteil ist eigentlich recht preiswert, aber der Wechsel kostet leicht 400 Euro.

... wenn der Auspuff durchgerostet ist?

Einen durchgerosteten Auspuff reparieren? Nichts leichter als das: Etwas Schweißdraht, eine spitze Acetylenflamme, und das Malheur ist behoben.

Schön wär's! Auspuffrohre rosten nämlich von innen nach außen, begünstigt durch die ständigen Temperaturwechsel und das mit aggressiven Abgasen versetzte Kondenswasser, das das Blech von innen zersetzt. »Durchgeblasene« Auspuffrohre sind an der Bruchstelle papierdünn und würden bei Kontakt mit dem Schweißbrenner einfach verbrennen. Sinnvoll ist der Einsatz des Schweißbrenners hingegen bei Schwingungsbrüchen, bei denen das Auspuffrohr direkt am Topf abgebrochen ist, weil ein Aufhängungsgummi gerissen ist.

In der Mehrzahl der Fälle muss der defekte Auspuff jedoch durch Neuteile ersetzt werden. Nun zur Qual der Wahl: Soll man zum Originalteil vom Vertragshändler greifen oder etwas Preiswertes aus dem großen Angebot des Zubehörhandels einbauen? Oberste Prämisse muss die Qualität sein, und die drückt sich eben auch im Preis aus. Was nützt ein günstig erworbener Auspuff aus Trompetenblech, der kurz nach Ablauf der Gewährleistungsfrist

wieder durch ist? Andererseits kann dieses Teil so billig sein, dass sich ein mehrmaliger Wechsel doch lohnt.

Der Königsweg liegt in der Mitte: Jeder Hersteller von Auspuff-anlagen, der die Autoindustrie für die Erstausrüstung beliefert, versorgt unter eigenem Namen auch den Zubehörhandel. In Frage kommen Teile von Eberspächer, Ernst oder (mit Einschränkung, weil keine Erstausrüster!) Walker und Bosal.

... wenn der Keilriemen pfeifend durchrutscht?

Wer kennt das nicht: Man steigt im Winter ins Auto, fährt an – und auf den ersten Metern kreischt der Keilriemen. Das liegt dar-an, dass er auf einer von zwei Riemenscheiben nicht mehr richtig greift und ohne Kraftschluss durchrutscht. Das charakteristische Geräusch ertönt immer dann, wenn die treibende Riemenscheibe den Riemen schneller beschleunigt, als die getriebene Riemen-scheibe folgen kann. Nach einiger Zeit sind beide Scheiben wieder gleich schnell, und das Quietschen verschwindet.

Riemenquietschen im Winter tritt auf, weil der Keilriemen bei niedrigen Temperaturen härter wird und dadurch an Griffigkeit verliert. Einen ähnlichen Effekt ruft die Alterung des Riemens her-vor, und das wird dann auch im Sommer hörbar. Wenn sich dazu noch Feuchtigkeit auf Riemen und Scheiben niederschlagen, be-günstigt dieser Schmierfilm das Durchrutschen zusätzlich. Im Winter hängen zudem mehr Verbraucher an der Lichtmaschine, und je mehr Leistung die Lichtmaschine liefert, desto schwerer lässt sie sich antreiben.

Es gibt drei Wege, für Ruhe zu sorgen. Das Wundermittel Num-mer 1 heißt Kolophonium. Mit diesem Naturharz harzen die Geiger ihren Bogen, folglich ist es in Musikalienhandlungen erhältlich. Wenn man es in Spiritus auflöst, erhält man eine klebrige Paste, die auf die Flanken des Keilriemens aufgetragen wird. Die klebrige Schicht erhöht die Reibung zwischen Riemen und Scheibe, so dass der Riemen nicht mehr rutscht – jedenfalls so lange, bis das Kolo-phonium wieder abgerieben ist.

Der Reibungsverschleiß ist der eigentliche Grund des Rutschens: Der Riemen wird im Laufe der Zeit immer dünner und rutscht weiter in die Riemenscheibe hinein. Das führt zu einer geringeren Spannung des Riemens, die durch Nachspannen (Möglichkeit Nummer 2) ausgeglichen werden muss. Um die Spannung wieder auf den zulässigen Wert zu bringen, hilft ein Blick in die Bedienungs- bzw. Reparaturanleitung, in der sämtliche Handgriffe und die nötigen Werkzeuge beschrieben sind.

Wenn der Riemen aber auch mit korrekter Spannung weiter nervtötend pfeift, ist er – Möglichkeit 3 – einfach reif zum Wechseln. In diesen Fällen ist der Flankenverschleiß so weit fortgeschritten, dass der Riemen bereits am Grund der Riemenscheibe aufsitzt und keine Kraft mehr übertragen kann. Manchmal ist aber auch die Riemenscheibe selbst so weit verschlissen, dass selbst ein neuer Riemen keinen Kraftschluss mehr herstellen kann. In diesem Fall – Möglichkeit Nummer 4 – muss die Werkstatt eine neue Scheibe montieren, was mit einigen Kosten verbunden ist.

... wenn mein Zahnriemen reißt?

Zunächst sollten Sie Ihren Kontostand prüfen, denn die Reparatur ist meistens aufwändig und teuer! Es ist leider nicht mit einem Ersatz des Zahnriemens getan, denn der gerissene Zahnriemen hat Ihren Zylinderkopf wahrscheinlich in ein Stück Kernschrott verwandelt. Der Grund liegt im Ventiltrieb: Die Nockenwelle wird nach dem Riss des guten Stücks nicht mehr angetrieben und bleibt abrupt stehen. Mit ihr stellen sämtliche Ventile ihre Bewegungen ein. Sie verharren in der Position, die sie zum Zeitpunkt des Riemenausfalls hatten, und stehen damit den auf und nieder sausenden Kolben im Wege. Der Kurbeltrieb ist zunächst noch in Funktion, bei Autobahntempo sogar mit einigem Schwung. Trifft ein Kolben nun auf ein geöffnetes und in den Brennraum ragendes Ventil, schlägt er es sofort kurz und klein. Im ungünstigsten Fall bricht das Ventil ab und wird durch den Brennraum geschleudert.

Das Spiel endet oft mit völlig blockierten Kolben, abgerissenen Pleuelstangen und Löchern im Motorblock.

Diese drastische Schilderung sollte Ihnen das vom Fahrzeughersteller vorgeschriebene Wechselintervall des Zahnriemens in Erinnerung rufen: Als Autofahrer müssen Sie nicht nach, sondern vor dem Zahnriemenriss handeln! Und zwar, indem Sie den Zahnriemen routinemäßig wechseln – spätestens nach sechs Jahren oder 80.000 km Laufleistung (modellabhängig!).

... wenn die Airbag-Lampe brennt?

Die Airbag-Kontrolle im Auto überprüft bei jedem Motorstart das Sicherheitssystem an Bord. Da ein Airbag ja nicht jedes Mal zur Probe ausgelöst werden kann, wird dazu eine indirekte Methode benutzt: Die Widerstandswerte der einzelnen Steuerstromkreise zu den ballistischen Ladungen von Airbags und Gurtstraffern werden mit gespeicherten Sollwerten verglichen. Stellt der Rechner dabei Abweichungen fest, bleibt die Lampe an und der »Ausreißer« wird im Speicher des Steuergerätes als Code abgelegt. In der Praxis bedeutet eine nicht erlöschende Airbag-Lampe also keine unmittelbare Explosionsgefahr. Vielmehr handelt es sich um den Hinweis, dass im Ernstfall der Airbag oder der Gurtstraffer (oder beide) vielleicht nicht funktionieren.

Wer sichergehen möchte, dass er beim nächsten Crash sanft in einem Luftkissen landet, sollte also die Stelle mit dem falschen Widerstand lokalisieren, indem er den Fehlerspeicher auslesen lässt. Man kann aber auch Erfahrungswerte nutzen: Sehr oft ist die Steckverbindung unter dem Sitz korrodiert. Dadurch hat die Steuerleitung des Sitzairbags vielleicht ein paar Ohm zu viel, was sich durch einfaches Auseinander- und wieder Zusammenstecken bessert. Oder der Schleifring an der Lenkradnabe, der den Kontakt zu den fest stehenden Kontakten der Lenksäule herstellt, ist verschmiert und hat deshalb seinen Normwiderstandsbereich verlassen. Hier hilft schon eine Reinigung mit Alkohol.

Wichtig ist dabei nur eins: Alle derartigen Eingriffe fallen für die Profis in der Werkstatt unter das Sprengstoffgesetz! Und damit dem Laien der Airbag nicht unversehens um die Ohren fliegt, sollte er vor allen Reparaturen an Airbag-relevanten Teilen des Autos zuerst die Batterie abklemmen!

... wenn sich mein Sicherheitsgurt nicht mehr richtig aufrollt?

Ohne ihn ist der Airbag nutzlos, trotzdem fristet er ein Schattendasein. Die Rede ist vom Sicherheitsgurt, der von Volvo in die Serienproduktion eingeführt wurde. Seit 1976 gibt es in Deutschland die Anschnallpflicht, der wir alle gerne nachkommen.

Der Sicherheitsgurt ist also in ständiger Bewegung und unterliegt dabei der Abnutzung. Das zeigt sich dadurch, dass er irgendwann nicht mehr in seinen Türholm zurückschnippen will. Erst geht das Aufrollen immer träger, bis schließlich das Gurtband nur noch schlaff herabhängt und beim Türenschließen eingeklemmt im Straßenschmutz baumelt. An diesem Punkt beginnt die Sache, riskant zu werden, weil gequetschte, gerissene und verschmutzte Gurte im Ernstfall keine optimale Funktion mehr ausüben können.

Mit ein wenig Pflege kann man klemmenden Gurten jedoch wieder richtig auf die Sprünge helfen. Damit ist keineswegs das Ölkännchen gemeint, mit dem man das offenbar schwergängige Federwerk der Gurtmechanik schmieren könnte. Wesentlich wirkungsvoller sind eine gründliche Reinigung des Gurtbandes selbst sowie eine anschließende Behandlung mit Kunststoffpflegemittel. Die darin enthaltenen Weichmacher und der Silikonanteil setzen die Reibung des Gurtbandes beim Aufrollen herab und lassen es regelrecht in den Aufrollschlitz hineinschnellen. Das einzige Risiko liegt hier in der Dosierung: Zuviel hilft leider nicht viel, sondern verschmiert einem nur das T-Shirt ...

... wenn meine Frontscheibe nur noch Reflexe produziert?

Obwohl Glas einer der härtesten Werkstoffe überhaupt ist, macht sich der Zahn der Zeit auch an den Frontscheiben älterer Autos bemerkbar. Nicht nur der alltägliche Dreck, sondern auch Hinterlassenschaften anderer Autos wie Öl und Ruß sowie der »Pistenstaub« sorgen im Laufe der Jahre für einen etwas getrübten Durchblick. Oberstes Gebot für gute Sicht ist eine saubere Glasfläche, aber was gemeinhin als sauber eingestuft wird, ist irgendwann nur mehr ein gesandstrahltes und anschließend mit Wachs verschmiertes Stück Altglas. Speziell das als »Waschkonservierer« bekannte Silikonwachs aus der Waschanlage sorgt im Verein mit den dort verwendeten Reinigern für einen undurchsichtigen Schmierfilm, in den sich noch die Reste von auf der Scheibe zerplatzten Insekten mischen. Diese Mischung kann häufig nur noch mechanisch von der Scheibe heruntergekratzt werden. Eine regelmäßige Grundreinigung mit Silikonentferner aus dem Baumarkt räumt damit auf.

Nicht ganz so billig zu lösen ist das Problem des allmählichen Blindwerdens der Frontscheibe durch mikroskopisch kleine Einschläge von Sand und Steinchen. Dieses Phänomen sorgt speziell bei tief stehender Sonne für störende Reflexe und Blendung. Bei der Hauptuntersuchung wird nur auf große Einschläge im Hauptsichtfeld geachtet, während die schleichende Verwandlung der Frontscheibe in Milchglas ungeprüft bleibt. Politurversuche würden zu Sichtverzerrungen führen, darum gibt es für dieses Problem leider keine andere Lösung als den Wechsel der Scheibe.

... wenn beim Cabrio der Durchblick nach hinten fehlt?

Gegen Ende der Saison fällt die ständig matter werdende Kunststoff-Heckscheibe des guten alten Cabrios immer deutlicher ins

Auge. Mit schwindendem Tageslicht harmoniert eine verkratzte PVC-Oberfläche nämlich ganz schlecht. Das ist unpraktisch und vor allem unsicher. Der Gang zum Autosattler liegt zwar nahe, aber der Einbau einer neuen Plastikscheibe kostet schnell 400 Euro.

Doch da gibt es noch eine andere Lösung, die fast genauso gut und vor allem viel billiger ist. Als Utensilien werden neben zwei kräftigen Armen etwas Autopolitur, ein gutes Hartwachs und eine billige Poliermaschine aus dem Baumarkt benötigt. Zunächst wird die Scheibe mit reichlich Wasser gespült, um möglichst jedes Sandkorn von der Oberfläche zu entfernen. Dann kommt die Poliermaschine mit (wenig!) Autopolitur zum Einsatz. Die Maschine sollte auf der PVC-Oberfläche allerdings nicht kreisend, sondern linear geführt werden. Durch die Politur wird die mikroskopisch raue Oberfläche des Kunststoffes eingeebnet und die Lichtbrechung (die für den Milchglaseffekt sorgt) reduziert.

Was sich hier so schnell liest, muss drei- bis fünfmal wiederholt werden, um einen sichtbaren Erfolg zu erreichen. Auf der Innenseite der Scheibe reichen ein bis zwei Polituren. Nach etwa zwei Stunden Arbeit ist wieder »alles klar«, und beide Seiten der Scheibe können mit Hartwachs versiegelt werden. Die Politur sollte übrigens nicht erst nach dem ersten Frost, sondern bei mindestens 15 °C durchgeführt werden, weil das PVC sonst zu spröde wird und brechen kann.

... wenn meine Wegfahrsperre spinnt?

Fast nichts, denn Wegfahrsperren lassen sich nicht ohne weiteres manipulieren. Im Einzelnen spielt sich beim Drehen des Zündschlüssels Folgendes ab: Bei Stellung »Ein« veranlasst man den Transponder im Schlüssel durch einen Energieimpuls der Lesespule im Zündschloss zum Absenden eines Festcodes. Dieser wird im Steuergerät mit dem gespeicherten Code verglichen. Wenn die Daten übereinstimmen, startet die Wechselcodephase.

Bei jedem Einschalten der Zündung werden neue Bitmuster generiert, die man nicht abschätzen und daher auch nicht simulieren

kann. Wie das geht? Das Steuergerät erzeugt per Zufallsgenerator eine Zahl, die zum Schlüssel übertragen wird. Dort wird nach einem anderen Algorithmus ebenfalls eine Zahl errechnet, die mit dem übermittelten Code identisch sein muss. Nun werden die Codes aus Schlüssel und Steuergerät im Steuergerät verglichen. Passt das Ergebnis, kann der Motor gestartet werden.

So weit die Theorie. In der Praxis klappt das manchmal nicht. Das kann an einem zu oft heruntergefallenen (oder in der Hose mitgewaschenen) Zündschlüssel, an einer defekten Lesespule des Zündschlosses oder auch an einem defekten Steuergerät liegen. Erste Hilfe leistet die Werkstatt, indem sie den Zündschlüssel neu codiert, also die zur Wegfahrsperre passenden Daten neu in den Schlüssel einspeichert. Wenn das nicht hilft, tastet sie sich über den Wechsel der Lesespule zu einem neuen Steuergerät vor. Über die Kosten dafür schweige ich lieber still ...

... wenn ich eine alte elektrische Wegfahrsperre im Auto habe?

Nach dem Fall des Eisernen Vorhangs entwickelten die offenen Grenzen eine gewaltige Sogwirkung, die Hunderttausende von Autos Richtung Osten verschwinden ließ. Besserung trat erst mit der Erfindung der elektrischen Wegfahrsperre ein. Die mehr oder weniger narrensichere Funktion und die Rabatte auf die Kfz-Versicherungsprämien führten zu einem flächendeckenden Einsatz der schwarzen Kästchen, die auch in älteren Autos oft zu finden sind.

Diese nachgerüsteten Wegfahrsperren sind heute allerdings auch ein Hauptgrund für die Einsätze von Pannenhelfern: Die elektronischen Bauteile der Wegfahrsperren sind inzwischen so alt, dass sie ihre Funktion nach und nach einstellen. Wenn das Auto also nicht mehr anspringt oder während der Fahrt abstirbt, kann eine altersschwache Wegfahrsperre die Ursache sein. Ersatzteile sind für diese Anlagen längst nicht mehr lieferbar, die Schaltungen entpuppen sich als Buch mit sieben Siegeln. Der

Autor dieser Zeilen empfiehlt daher, alte Anlagen möglichst bald stillzulegen, auch wenn sie noch funktionstüchtig sind. Häufig muss dieser Ausbau aber der Kaskoversicherung mitgeteilt werden. Der Wert eines solch alten Autos tendiert jedoch ohnehin meist gegen null, ein Ausfall der Wegfahrsperre nebst anschließendem Werkstattaufenthalt wäre also ein wirtschaftlicher Totalschaden.

Wem so ganz ohne Diebstahlschutz nicht wohl ist, kann anstelle der Wegfahrsperre einen versteckten Schalter installieren, der den Zündstrom unterbricht. Oder er nimmt das Hauptzündkabel aus dem Verteiler mit nach Hause. Das reicht bei alten Schätzchen als Diebstahlschutz völlig aus.

... wenn mein Schiebedach undicht ist?

Wir wollen hier nicht vom Packband reden, mit dem man den Dachausschnitt zweifellos schnell, aber auch endgültig dicht bekommt (ein zugeklebtes Schiebedach ist eben unverschiebbar...). Auch der von ahnungslosen Gesprächspartnern immer wieder gern empfohlene Wechsel der Dichtung des Schiebedaches führt nicht zur Lösung des Problems, denn diese soll eher Luftwirbel als Wasserfluten von den Insassen abhalten.

Die Ursache von Wassereinbrüchen während des Waschstraßenbesuches oder bei starken Regenfällen liegt in der Regel tiefer: Es sind die verstopften Wasserablaufkanäle im Rahmen des Schiebedaches. Wenn Sie das Dach öffnen und sich das Ganze einmal von oben ansehen, werden Sie links und rechts oder vorne und hinten jeweils ein Loch finden. Jedes dieser Löcher leitet eindringendes Wasser in einen Schlauch, der in die Radkästen führt. Zur Funktionskontrolle müssen Sie bloß einen Draht (ideal geeignet ist ein Fahrrad-Bremszug) in das Loch schieben und warten, ob das Ende in einem Radkasten wieder herauskommt. Häufig wird der Vorschub recht bald be- oder sogar verhindert. In diesem Fall spleißen Sie das Ende des Drahtseils pinselartig auf (es muss aber

noch in das Loch passen) und spannen das andere Ende in einen Akkuschrauber. Mit niedriger Drehzahl in das Loch geschoben, sorgt diese improvisierte Version einer WC-Spirale wieder für Durchfluss im Ablaufrohr des Schiebedaches.

... wenn beim Bremsen Wasser aus der Leselampe tropft?

Unangenehm ist das, wenn bei Rechtskurven oder beim Ampelstopp ein recht scharfer Wasserstrahl direkt auf die Hand am Lenkrad oder in den CD-Schacht des Autoradios spritzt. Das passiert vor allem bei französischen Autos, auch bei solchen ohne Schiebedach.

Nun sind die Franzosen weder Freunde von unfreiwilligen Wasserspielen noch Kneipp-Jünger. Sie haben aber offenbar die Angewohnheit, die Radioantenne mittig auf dem Dach kurz über der Frontscheibe zu platzieren. Diese Antennen sind nur mit einer Schraube am Blech des Daches befestigt und sitzen dort auf einer Kunststoffdichtung. Und um diese geht es hier: Kaum ausgeliefert, beginnt sie nämlich zu schrumpfen. Nach einigen Jahren ist sie so hart, dass sie ihrer Funktion nicht mehr nachkommen kann. Dann sickert Wasser zwischen Antennenfuß und Dach und rinnt alsbald an der Befestigungsschraube nach innen. Direkt unter der Schraube sitzt bei vielen Modellen aus Montagegründen die Innenleuchte, die dann sehr schnell zum Duschkopf mutiert.

Abhilfe schafft folgendes Vorgehen: Nach dem Ausklipsen der Innenleuchte werden die Haltemutter des Antennenfußes und das Antennenkabel sichtbar. Wenn diese Mutter gelöst wird, lässt sich die Antenne vom Dach abheben. Als sicherste Dichtmethode empfiehlt sich ein großzügiger Klecks Sikaflex-Karosseriekleber unter dem Antennenfuß, der nach seiner Wiedermontage garantiert für den Rest des Autolebens kein Wasser mehr zur Innenleuchte durchlässt.

... wenn mein Fußraum immer nass ist?

Es ist keineswegs immer Wasser, was den Fußraum durchfeuchtet, und wenn es Wasser ist, ist es nicht immer vom Himmel geregnet. Zur Probe zerreibt man einen Tropfen der Flüssigkeit zwischen Daumen und Zeigefinger. Wenn die Flüssigkeit ölig ist, könnte es sich um Bremsflüssigkeit aus dem Hauptbrems- oder Kupplungsgeberzylinder handeln. Sinkt gleichzeitig die Bremsflüssigkeit im Vorratsbehälter stetig ab, ist ein Werkstattbesuch angesagt.

Wenn die Flüssigkeit sich zwar ölig, aber irgendwie auch nicht so richtig ölig anfühlt, könnte es sich um Kühlwasser aus einem undichten Heizungswärmetauscher handeln, das aus den Lüftungskanälen auf die Fußmatte tropft. Im Sommer ist das kein Problem, wenn die Heizung wasserseitig geregelt (also der Kühlwasserstrom in Richtung Wärmetauscher abgesperrt) ist. Meistens sind Autoheizungen jedoch luftseitig geregelt. Dadurch wird ein undichter Wärmetauscher ständig von Kühlwasser durchströmt, welches dann austritt und in den Innenraum gelangt. Abhilfe schafft nur das (teure) Auswechseln des Wärmetauschers.

Eine weitere Flüssigkeitsquelle kann die Klimaanlage sein: Ursache ist hier keine Undichtigkeit, sondern ein verstopfter Ablauf für das Kondensat des Verdampfers. Gerade an feuchtheißen Tagen fällt viel Kondenswasser an, das dann nicht auf die Straße, sondern in den Innenraum läuft. Die Werkstatt versucht meistens, den Pfropf mit Pressluft zu vertreiben, besser ist aber der Einsatz eines starken Saugers, um den Schmodder aus dem Ablaufschlauch zu ziehen. Wenn man dessen Lage kennt, ist das ein Fall für den Sonntagnachmittag.

... wenn mein Gebläse knattert?

Immer dieses Rascheln, Knattern oder Quietschen, das kurz nach dem Einschalten des Gebläses leiser oder lauter zu hören ist! Soll man einfach das Radio lauter drehen? Hilft, aber nicht immer, es

gibt nämlich auch Geräusche in Form von elektromagnetischen Wellen, die in den Radioempfänger streuen und aus dem Lautsprecher ans Ohr der Insassen dringen. Das ist durch ein simples Entstör-Kit aus dem Autoradioladen zu beheben. Andere Störgeräusche kommen aus dem Inneren des Lüftungssystems: Darin wohnt ein Elektromotor mit einer Lüfterwalze auf der Achse, der frische Außenluft über das Belüftungssystem des Autos in den Innenraum befördert, wodurch die verbrauchte Atemluft aus der Kabine nach draußen gedrückt wird. Da das ständig nötig ist, laufen die Lüftermotoren auch immer, und dabei entsteht natürlich ein Verschleiß, der je nach Qualität des Lüftermotors früher oder später zu ausgelaufenen Lagern führt. Häufig sind die Abnutzungserscheinungen so stark, dass die beweglichen Teile des Lüfters nicht mehr geführt werden und lautstarken Kontakt mit ihrem Gehäuse bekommen. Dadurch überhitzt der Motor sehr schnell und brennt schließlich durch. Na dann, werden Sie sagen, muss eben ein neuer her! Leider ist der oft teuer und vor allem nicht einfach mal eben schnell gewechselt, denn für den Austausch müssen Teile der Lüftungsanlage demontiert werden. Das dauert lange und ist auch teuer. Einen besseren Tipp für dieses Problem habe ich leider nicht.

... wenn mein Frischluftgebläse nur noch »volle Pulle« läuft?

Jedes Frischluftgebläse im Auto hat einen mehrstufigen Widerstand vor dem Gebläsemotor, der als elektrische Drossel auf die Stromversorgung einwirkt. Diese Schaltung »verheizt« einen Teil der elektrischen Energie, und der Motor des Lüfters läuft entsprechend langsamer.

Häufig brennt aber nicht der Widerstand an sich durch, sondern eine vorgeschaltete Thermosicherung. Damit ist dann regelmäßig der Stromkreis für die ersten Gebläsestufen unterbrochen, so dass der Lüfter nur noch in der offenen, höchsten Stufe läuft.

Als Ersatzteil ist diese Thermosicherung nicht erhältlich, jeden-

falls nicht am Ersatzteiltresen. Dort wird man Ihnen aber gerne die ganze Einheit inklusive Thermosicherung neu verkaufen – macht etwa 50 Euro plus Mehrwertsteuer und ohne Einbau!

Der kluge Autobesitzer geht darum in den einschlägigen Elektronikfachhandel und kauft dort die Temperatursicherung einer Kaffeemaschine mit dem höchsten Temperaturwert (ca. 190 °C) für 39 Cent, baut die Widerstandseinheit aus und die Thermosicherung ein (Achtung, nichts für Grobmotoriker!). Dabei bitte keinen Lötkolben benutzen, sonst ist die neue Sicherung gleich wieder durch!

Wenn diese Reparatur nur kurzfristig zu mehrstufigem Frischluftvergnügen führt, ist der Lüftermotor zu schwergängig und sollte getauscht werden. Zum Wechsel des Gebläses (und häufig auch zum Ausbau der Widerstandseinheit) ist übrigens ganz erheblicher Aufwand zu betreiben, daher wird der Spaß in der Werkstatt kaum unter 250 Euro zu haben sein!

... wenn im Auto dicke Luft herrscht?

Damit ist nicht der familiäre Kleinkrieg gemeint, sondern der tatsächliche Sauerstoffmangel! Gerade auf längeren monotonen Strecken gähnt so mancher, ohne wirklich müde zu sein.

Ob das tatsächlich an der Luftqualität liegt, ist nicht klar. Trotzdem wird jeder die Notwendigkeit eines Filterwechsels einsehen. Fast jedes Auto hat inzwischen einen Pollenfilter, der regelmäßig gewechselt werden sollte. Wer jemals ein verbrauchtes Exemplar aus den Tiefen des Lüftungssystems geangelt hat, wird den Vergleich mit Presskohle nicht übertrieben finden. Die Anhaftungen bestehen nicht nur aus Blütenpollen, sondern auch aus Feinstaub und anderen Schadstoffen aus dem Straßenverkehr. Ein funktionierender Pollenfilter hält diese Bestandteile der Luft, die durch die Lüftungsdüsen ins Autoinnere gelangt, fast komplett zurück.

Trotz der segensreichen Wirkung des Filters kennen die meisten Autofahrer seinen Einbauort nicht, vielleicht wissen sie noch nicht

mal von seiner Existenz. Auffällig wird er ja häufig erst dann, wenn er so zugesetzt ist, dass er den Lüftungsstrom drosselt und den Luftaustausch im Auto behindert. Wer also trotz verzweifelt fauchenden Gebläses den Beschlag nicht von den Scheiben und den Mief seines nassen Hundes nicht aus dem Auto bekommt, sollte mal in der Bedienungsanleitung nach dem Stichwort »Pollenfilter« suchen.

... wenn sich Öl im Luftfilter sammelt?

Bei älteren Autos mit Laufleistungen jenseits der 150.000 km nimmt der Druck im Kurbelgehäuse durch sogenannte »Blow-by-Gase« stark zu. Das sind Verbrennungsgase, die an den Kolbenringen vorbei ins Kurbelgehäuse gelangen. Durch den hohen Druck würden sie sich normalerweise durch die Motordichtungen pressen und für Ölundichtigkeiten sorgen. Um das zu vermeiden, hat jeder Motor eine Kurbelgehäuseentlüftung, die den Überdruck in die Umgebung ableitet.

Das ist aus Sicht des Umweltschutzes natürlich verwerflich, daher kam man auf die Idee, die Kurbelgehäuseentlüftung im Ansaugtrakt enden zu lassen. Die öligen Gase aus dem Motor sollen so wieder angesaugt und mitverbrannt werden. Das funktioniert auch ganz gut. Wenn allerdings die Ölfracht im Blow-By-Gas zu hoch ist, setzt sich das in feinsten Tropfen im Gas verteilte Öl im Gehäuse des Luftfilters, im Filter selbst und an der Sensorik ab und sorgt so für Störungen der Gemischbildung, aus denen Probleme mit dem Motorlauf und den Abgaswerten resultieren können. Abhilfe kann man schaffen, indem man den Schlauch der Kurbelgehäuseentlüftung vom Ansaugtrakt abklemmt. Das ist aus ökologischen Gründen nicht optimal, aber immer noch besser als ein Motor, der mangels korrekter Werte aus dem verölten Luftmengenmesser schlecht verbrennt. Damit die Gase dann nicht völlig ungesäubert die Umwelt verschmutzen, sollte man den Schlauch mit einer Schlauchschelle auf die Stutzen eines kleinen Ölabscheiders aus dem Autozubehörhandel anschließen, den man regelmäßig entleert.

... wenn die Elektrik in der Fahrertür spinnt?

Besonders ärgerlich ist es, wenn es bei offenem Fenster zu regnen beginnt und der Druck auf die Fensterhebertaste folgenlos bleibt. Der gut informierte Fahrer lokalisiert mit Hilfe der Bedienungsanleitung den Sicherungskasten und wechselt aus, was vielleicht durchgebrannt ist.

In vielen Fällen ist in der Zentralelektrik aber alles in Ordnung, nur eben bei der Stromversorgung des Fensterhebermotors nicht. Wenn es zugleich auch Probleme mit der elektrischen Spiegelverstellung oder der Zentralverriegelung gibt (Fahrertür lässt sich öffnen, der Rest nicht), liegt eine andere Ursache auf der Hand: Die Kabeldurchführung zwischen der A-Säule (das sind die Säulen zwischen Frontkotflügeln und Vordertüren) und der Fahrertür! Hier verläuft in der Regel ein dickes Kabelbündel für die vielen Helferlein, die durch die Fernbedienung oder diverse Knöpfe gesteuert werden. Durch die häufige Knickbeanspruchung kann dieser Teil des Kabelbaums irgendwann ganz oder teilweise brechen und so der jeweilige Stromkreis unterbrochen werden. Testweise kann man nun versuchen, die funktionslosen Verbraucher bei geöffneter Fahrertür oder durch gezieltes Bewegen der Kabelführung zur Mitarbeit zu überreden. Wenn das funktioniert, ist die Diagnose klar: Der Türkabelbaum muss erneuert werden! Partielle Reparaturen halten meistens nicht lange vor, weil jede Flickstelle bald zur nächsten »Sollbruchstelle« mutiert. Fragen Sie Ihren Autoelektriker

... wenn mein Fensterheber versagt?

Früher reichten etwas Fett an der richtigen Stelle und alle Jahre wieder eine neue Fensterkurbel, und die Kurbelfenster ließen sich wunschgemäß öffnen und schließen. Heute sind selbst in Billigautos die Fensterheber elektrisch und bei Ausfall der Stromversorgung unbeweglich.

Was ist in diesen Fällen zu tun? Der erste Griff sollte der zur Bedienungsanleitung sein, in der die Sicherungsbelegung vermerkt ist. Die Sicherung, die für die Fensterheber zuständig ist, dürfte schnell gefunden sein. Die Kontrolle im Sicherungskasten ist dann nur noch Formsache: Sollte ein Defekt der Sicherung festgestellt werden, muss eben Ersatz beschafft werden, und das Fenster schließt wieder auf Knopfdruck.

Leider ist dieser Fall sehr selten – meistens ist die Sicherung in Ordnung, und die Scheibe verharrt trotzdem da, wo sie ist. Dann hilft folgender Trick: Tauschen Sie den Schalter für die Fensterheber auf der Fahrer- gegen den für die Beifahrerseite! Oft ist der viel häufiger benutzte Fahrerschalter einfach defekt und schaltet den Strom nicht mehr durch. Mit diesem Verfahren ist die Scheibe erst mal zu, einen neuen Schalter können Sie später kaufen. Richtig ärgerlich ist ein Defekt am Motor selbst oder am Gestänge des Fensterhebers. In diesen Fällen kommt man leider nicht um den Kauf von Neuteilen herum. Kostendämpfend wirkt der Einbau von Fensterheberkomponenten aus Nachrüst-Kits. Die funktionieren oft besser als die Erstausrüstung, sind aber viel billiger.

... wenn ich nicht bei jedem Aussteigen einen Stromschlag kriegen will?

Nach dem Aussteigen aus dem Auto springt oft ein ordentlicher Funke zwischen Mensch und Maschine über. Das ist zwar nicht gefährlich, aber lästig! Ursache ist die elektrostatische Aufladung unseres Körpers, begünstigt durch unsere meist aus Kunstfasern oder Wolle bestehende Kleidung. Die kleinen Bewegungen auf dem ebenfalls mit Kunstfaser bezogenen Autositzen reichen zum »Aufladen« aus – nach kurzer Fahrt sind mehrere 10.000 Volt erreicht. Diese extremen Spannungen wollen sich natürlich alsbald entladen, und das geschieht, sobald der »Geladene« erstmals nach der Fahrt wieder einen Fuß auf die Erde setzt und sich dann mit dem Körper der Autokarosse nähert. Eine Ableitung zur Erde über die Schuhsohlen würde nur funktionieren, wenn ein guter Kontakt (wie im Sommer bei höherer Luftfeuchtigkeit) zustande käme.

Trockenheit und dicke Gummisohlen wirken jedoch isolierend. Die Entladung vollzieht sich daher zwischen dem Körper und der Autokarosse, was zu dem unschönen Funkenschlag führt.

Verhindert werden kann das nicht etwa mit den »Schwänzchen« aus Kupfer oder Gummi, die unter dem Auto eine Ableitung zum Boden herstellen sollen, sondern durch folgenden Trick: Bevor Sie aus dem Auto steigen, müssen Sie einen metallischen Teil der Tür anfassen und dürfen diese Stelle erst wieder loslassen, wenn Sie ganz ausgestiegen sind.

... wenn ich meinen Radiocode nicht mehr weiß?

Ohne Strom im Bordnetz »vergisst« das Autoradio sofort seinen Sicherheitscode. Der Grund des Stromausfalls spielt dabei keine Rolle. Mit einem frischen Akku springt zwar der Motor wieder an, im Radiodisplay erscheint nach dem Einschalten aber nur noch »CODE«. Kennen Sie Ihren noch? Ich meinen auch nicht! Zufallstreffer sind – ähnlich wie beim Lotto – in diesen Fällen äußerst selten, also sparen Sie sich das wahllose Herumprobieren lieber gleich.

Bei serienmäßig eingebauten Radios kann jetzt nur der Vertragshändler der Marke helfen. Wenn Sie Erstbesitzer des Autos sind, steht die Geheimzahl in den Verkaufsunterlagen des Händlers. Haben Sie Ihr Auto aus zweiter Hand erworben, verlangt der Händler zunächst einen Eigentumsnachweis (Fahrzeugbrief, Rechnung). Erst dann wird anhand der Radionummer beim Hersteller oder Importeur der Radiocode erfragt. Das geht meistens sehr schnell.

Bei Radios aus dem Zubehörhandel muss fast immer das ganze Gerät zum Hersteller oder Importeur geschickt werden, wo das Gerät dann gegen Gebühr neu codiert wird. Voraussetzung auch hier: ein Eigentumsnachweis.

In anderen Fällen fördert Google aus den Tiefen des Internets ganz erstaunliche Tricks zur Codeberechnung zutage, die hier zur Vermeidung von Missverständnissen nicht abgedruckt werden dürfen.

... wenn die Ladekontroll-Leuchte nicht ausgeht?

Normalerweise geht die Ladekontroll-Lampe nach dem Start aus, spätestens nach dem ersten Gasstoß. Sobald diese rote Leuchte erlischt, liegt die Spannung der Lichtmaschine über der der Batterie, die Batterie wird also geladen.

Was hat es aber zu bedeuten, wenn die Kontroll-Leuchte nicht ausgeht? Zunächst heißt das, dass die Batterie eine höhere Spannung hat als die Lichtmaschine. Das träfe beispielsweise zu bei einem gerissenen Keilriemen, ohne den die Lichtmaschine steht. Das ist leicht durch einen Blick unter die Haube zu prüfen. Wenn der Riemen aber an Ort und Stelle sitzt und die Leuchte bei laufendem Motor trotzdem anbleibt, müssen Sie zu einem Spannungsmessgerät greifen und die Spannung zwischen den Batteriepolen messen. Bei laufendem Motor liegt hier die Lichtmaschinenspannung an, bei stehendem Motor nur die Batteriespannung. Ergibt die Messung keinen Unterschied zwischen laufendem und stehendem Motor, kommt von der Lichtmaschine keine Spannung. Grund kann ein Defekt der Lichtmaschine selbst sein oder Verschleiß an den Kohlebürsten des Reglers. Dieser Regler ist mit zwei kleinen Schrauben in die Rückseite der Lichtmaschine geschraubt und leicht zu demontieren. Wenn die nun sichtbaren Kohlestifte nur noch etwa 5 mm lang sind, sollte der Regler erneuert werden. Das kostet etwa 30 Euro und ist damit etwa 90 Prozent billiger als eine Austauschlichtmaschine, die Werkstätten in diesen Fällen gerne verkaufen.

... wenn meine Scheibenwaschanlage keinen Spritzer von sich gibt?

Es reicht nicht aus, einfach Wasser in den Vorratsbehälter zu füllen. Im Winter bliebe es nicht lange flüssig, daher muss der richtige Frostschutz beigemischt werden. Wer das entsprechende Spezialprodukt zu teuer findet, zahlt dann vielleicht lieber neue Kunst-

stoff-Streuscheiben für die Scheinwerfer, wenn die erste nach der Beneblung durch die Düsen der Schweinwerfer-Waschanlage mit selbstgemischten »Hausmittelchen« Spannungsrisse bekommen hat. Ähnlich empfindlich auf nicht kompatible Waschwasserzusätze reagiert der Kunststoff des Vorratsbehälters: Wer mit Omas Haushaltsreiniger experimentiert, erlebt die Folgen von Kunststoffschlamm in den Leitungen und Düsen des Reinigersystems.

Erste Wahl sind daher nur die vom Hersteller freigegebenen Zusätze, um die Reinigungsflüssigkeit (von Wasser mag man gar nicht mehr reden!) immer schön flüssig zu halten. Wenn dann trotz funktionierender Pumpe und Frostschutz beim Betätigen des Wischerhebels kein einziger Tropfen auf die Scheibe spritzt, ist das System entweder doch eingefroren (weil die flüchtigen Bestandteile des Frostschutzes verdunstet sind), oder die Waschdüsen sind verstopft. Reinigungsversuche mit der Stecknadel halten nicht lange vor, besser ist der Austausch der Waschdüsen gegen ganz neue, am besten beheizbare. Bei vielen Autos sind diese problemlos nachrüstbar. Im Zuge der Umrüstung sollten die Schläuche gleich mit erneuert werden, damit die alten und ausgehärteten Exemplare im Ernstfall nicht vom Stutzen rutschen.

... wenn der Kontakt an der Heizheckscheibe abgerissen ist?

Schnell ist es passiert: Sperriges Zeug in den Kofferraum, Klappe zu, Kontakt zur Heckscheibenheizung ab! Was nun? Alleskleber scheidet aus, da nicht elektrisch leitend. Anlöten ist schwierig, weil erstens das nötige Gerät fehlt und zweitens die punktuelle Erhitzung der Scheibe leicht zur finalen Zerstörung derselben führt.

Die Lösung des Problems findet man bei den Elektronik-Bastlern. Gesucht werden muss nach Flüssigmetall und Leitsilber. Bei Letzterem handelt es sich um ein Fläschchen im Nagellack-Look, in dem sich ein mit Metallpartikeln vermischter, transparenter Lack befindet. Der Pinsel im Deckel macht die Ähnlichkeit mit dem Kosmetikpendant perfekt und die Anwendung einfach.

Ebenfalls mit Metallpartikeln versetzt ist das Flüssigmetall, das wie ein Zwei-Komponenten-Kleber aufgebaut ist und auch so verwendet wird. Mit diesem Kleber muss das abgerissene Kontaktfähnchen wieder an die Scheibe geklebt werden. Die Schwierigkeit liegt in der Fixierung des Plättchens an der Scheibe bis zur Trocknung des Klebers – hier ist etwas bastlerische Phantasie gefragt.

Wenn der Anschluss wieder fest an der Scheibe klebt, bleibt als i-Tüpfelchen nur das großzügige Lackieren des Anschlusses mit dem Leitsilber, um den elektrischen Kontakt zum Rest der Heckscheibe zu perfektionieren. Der erste Test der Heizscheibenfunktion entscheidet sofort über den Erfolg der Reparatur, der bei Bedarf noch mit punktuellen Reparaturen der Heizfäden mit Leitsilber perfektioniert werden kann.

... wenn es beim Anfahren »Klonk« macht?

Man spricht bei diesem Geräusch auch gerne vom »Lastwechselschlag«, der vorzugsweise bei Autos mit Hinterradantrieb auftritt. Ursache des Geräuschs sind ausgeschlagene Gelenke und Verbindungen des Antriebsstranges zwischen Motor/Getriebe und der Antriebsachse. Bei einem Auto mit Standardantrieb, also mit Frontmotor und angetriebener Hinterachse, können das die Gelenkscheiben zwischen Getriebe und Kardanwelle und Kardanwelle und Differential sein, das oder die Kreuzgelenke der Kardanwelle und schließlich noch die Zahnräder im Differential selbst. Speziell bei Autos, die viel im Stadtverkehr fahren müssen, zerren die ständigen Anfahr- und Bremsvorgänge buchstäblich am Antrieb, was zu Verschleiß und übergroßem Spiel führt.

Relativ leicht zu diagnostizieren und auszutauschen sind rissige oder verzogene Hardyscheiben (so heißen die Gelenkscheiben im Werkstattjargon). Ebenso schnell ist ein defektes Kreuzgelenk in der Kardanwelle gefunden – aber leider nicht getauscht. In so einem Fall muss die Welle oft komplett erneuert werden, weil es

keine Austauschgelenke gibt. Eine neue Kardanwelle ist etwa vier-
mal teurer als die Gelenkscheiben, doch das kann im Vergleich mit
den Kosten für ein neues oder überholtes Differential immer noch
als Schnäppchen gelten.

Übrigens: Chiptuning mit Leistungs- und Drehmomentsteigerung lässt die Gelenke und Verbindungen im Antriebsstrang im
Zeitraffer altern!

... wenn das Lenkrad rüttelt?

Wenn das Lenkrad plötzlich ein Eigenleben entwickelt und einem
bei Geschwindigkeiten zwischen 110 und 125 km/h fast aus der
Hand geschlagen wird, macht ein Auswuchten der Vorderräder
beim Reifendienst dem Spuk ein Ende. Durch die Reifenabnutzung
ändern sich im Laufe der Benutzung die Wuchtverhältnisse der
Reifen, so dass die Fliehkräfte leichter Angriffspunkte finden.
Schon Ungleichgewichte von wenigen Gramm multiplizieren sich
bei einem schnell drehenden Rad zu Kräften, die die gesamte Vorderachse mächtig durchrütteln.

Wenn die Vibrationen nach dem Auswuchten immer noch deutlich spürbar sind und das ganze Auto in Schwingung versetzen,
sollte man sein Augenmerk auf den Antriebsstrang richten. Gemeint ist damit insbesondere der Teil des Antriebs, der zwischen
dem Getriebe und den angetriebenen Rädern sitzt. Bei Autos mit
Frontantrieb sind das die Antriebswellen, bei Autos mit Heckantrieb ist die Kardanwelle gemeint. In den Wellen sitzen Gelenke,
die im Laufe der Zeit verschleißen und dadurch Spiel entwickeln.
Bei Kardanwellen führt das zuerst zu einem tiefen Brummen und
später zu einem deutlich spürbaren Schlagen um die Längsachse
des Autos, was durch neue Hardyscheiben und Kreuzgelenke ku-
riert werden kann. Bei den Antriebswellen des Frontantriebs sind
die Verhältnisse durch die Lenkung der Vorderräder komplizierter:
Wenn beim Beschleunigen Lenkrad und Schalthebel zittern, sind
die Gleichlaufgelenke und damit die Antriebswellen reif zum
Wechsel.

... wenn mein Auto in der Kurve »schwimmt«?

In der Kurve steigen die Fliehkräfte mit zunehmender Geschwindigkeit an. Wenn Sie diese Erkenntnis als trivial empfinden, aber in Ihrem Auto selbst in bekannten Kurven und bei mäßiger Geschwindigkeit ein unsicheres Gefühl bekommen, sollten Sie sich mal mit den Stoßdämpfern Ihres Autos beschäftigen. Diese Fahrwerkselemente federn nicht etwa die Stöße durch Fahrbahnunebenheiten ab, sondern die durch sie verursachten Schwingungen des Aufbaus. Auf einer geraden Strecke mit glattem Belag reicht auch ein verschlissener Dämpfer aus, um die Räder des Autos am Boden zu halten. Aber in Kurven mit geflicktem oder unebenem Belag sieht das schon völlig anders aus: Die Räder des Autos beginnen, unkontrolliert zu springen, und befinden sich mehr in der Luft als am Boden. Doch Lenk- oder Bremskräfte können natürlich nur mit Bodenkontakt übertragen werden. In der »Flugphase« haben Fliehkräfte mit dem Auto ein leichtes Spiel und lassen die Fuhre schnell mal in Richtung Kurvenaußenrand driften. Ebenfalls problematisch sind Bremsmanöver aus schneller Fahrt auf holprigem Untergrund, denn auch Bremskräfte können nur bei Kontakt des Reifens zur Fahrbahn übertragen werden. Fehlt dieser zeitweise, verlängert sich der Bremsweg.

Wenn Sie an Ihrem Auto ein unruhiges Fahrwerk bemerken, empfiehlt sich also der Besuch des Stoßdämpferprüfstandes eines Automobilclubs. Dort kann man Ihnen schnell sagen, wie der Zustand Ihrer Stoßdämpfer ist – und zwar ohne den Blick aufs Regal mit den neuen Stoßdämpfern ...

... wenn es beim Kurvenfahren vorne knackt?

Wenn speziell bei der Kurvenfahrt Geräusche auftreten, deren mechanische Ursache bis ins Lenkrad spürbar ist, liegt die Vermutung eines Schadens an der Antriebswelle nahe. Die meisten modernen Autos haben Frontantrieb, bei dem die Motorkraft durch die Vorderräder auf die Erde gebracht wird. Das Delikate an dieser Technik ist die Tatsache, dass die Vorderräder neben der Kraftübertragung auch für die Richtungswechsel zuständig sind. Die Antriebswellen müssen also mit Gelenken ausgerüstet sein, die die Bewegungen der Lenkung mitmachen und gleichzeitig Hunderten von Pferdestärken widerstehen können. Und damit wären wir auch schon bei der Schwachstelle der ganzen Konstruktion: Die Gleichlaufgelenke der Antriebswellen gehen gern kaputt. Defektursache kann normaler Verschleiß sein oder (und das ist in der Mehrzahl der Fälle so) eine undichte Achsmanschette. Diese Manschette enthält zum einen eine Fettfüllung zur Schmierung des Gelenkes an Ort und Stelle und schützt zum anderen gegen Schmutz und Wasser, die während der Fahrt auf das Gelenk spritzen. Reißt die Manschette, tritt das Fett aus und wird sukzessive durch Sand und Streusalz »ersetzt«. Die Konsequenzen kann sich jeder selbst ausmalen ...

Da der Austausch der Gleichlaufgelenke an der Antriebswelle richtig ins Geld geht, lohnt also ein regelmäßiger Blick unters Auto auf die Gummimanschetten an der Innenseite des Rades. Sollten dort erste Spuren von austretendem Fett erkennbar sein, muss sofort gehandelt werden! Im Frühstadium kann eine Antriebswellenmanschette noch gewechselt werden. Wenn bereits Schmutz ins Gelenk gelangt ist, hilft nur noch die »große« Lösung.

... wenn mein Dieselmotor nicht ausgehen will?

Während manche Fahrer von Benzinautos über ständig absterbende Motoren klagen, haben Dieselfahrer gelegentlich das umgekehrte Problem: Selbst bei abgezogenem Zündschlüssel läuft der Diesel unter der Motorhaube weiter und lässt sich bei Automatikfahrzeugen nicht einmal abwürgen. Um Dieselmotoren abzustellen, muss man ihnen den Kraftstoffnachschub abschneiden. Das wird bei älteren Mercedes-Modellen pneumatisch gemacht: Beim Drehen des Zündschlüssels in die »Aus«-Position wird ein Ventil betätigt, durch Unterdruck wird die Regelstange der bei diesen Modellen eingebauten Einspritzpumpe auf »Nullförderung« gezogen, und der Motor bleibt ziemlich abrupt stehen. Klappt das einmal nicht oder nicht auf Anhieb, ist im Unterdrucksystem etwas undicht. Der Ersatzteilhandel hält für diese Fälle Reparatursätze bereit, mit denen die gerissene Membran der Unterdruckdose an der Einspritzpumpe repariert werden kann.

Modernere Dieselfahrzeuge mit Verteilereinspritzpumpe haben einen elektrischen Absteller, der im stromlosen Zustand durch den Druck einer eingebauten Feder ausfährt und den Kraftstoffkanal zur Einspritzpumpe verschließt. Erst wenn die Zündung (die es beim Diesel ja eigentlich nicht gibt!) eingeschaltet wird, erhält der Absteller Spannung und öffnet den Kraftstoffkanal. Zur Prüfung kann man das Kabel vom Absteller abziehen: Bei eingeschalteter Zündung muss es dabei ein hörbares »Klick«! geben. Bleibt alles ruhig, ist die Ursache des Problems gefunden!

... wenn mein Turbolader den letzten Huster von sich gegeben hat?

Die Preise für einen neuen Turbolader beginnen bei 850 Euro, bei Exoten sind es gerne auch mal 3000 Euro. Addiert man dazu noch die Einbaukosten, ist der Zeitwert des Autos und damit der wirtschaftliche Totalschaden schnell erreicht.

Die meisten Turboladerschäden entstehen durch eindringende Fremdkörper oder mangelnde Ölversorgung. Anfällig sind auch Lader mit variabler Turbinengeometrie. Deren Verstellmechanismus verrußt gern, und vorbei ist es mit dem Ladedruck. Zur Vorbeugung hilft hier eine gelegentliche Autobahnhatz zum Freiblasen. Überhaupt macht sich gute Pflege bemerkbar: Mit hochwertigem Öl, das regelmäßig erneuert wird, hält ein Lader genauso lang wie der Motor.

Durch die hohe Zahl der mit Turbo-Technik ausgerüsteten Dieselmotoren haben sich in letzter Zeit Spezialfirmen etabliert, die defekte Turbolader überholen und im Austausch verkaufen. Ist deren Qualität mit Originalteilen vergleichbar? Sie ist teilweise

sogar besser, weil durch die jahrelange Belastung das Gehäuse entspannt und Materialrisse darum seltener sind. Das Einsparpotenzial gegenüber den Originalpreisen ist gewaltig: Für Austauschlader vom Hersteller zahlt man etwa 60 Prozent des Preises, den ein Neuteil kosten würde. Kauft man einen Austauschlader im freien Zubehörhandel, sind weitere 10 Prozent Ersparnis drin.

Am preiswertesten lässt sich ein Turboladerschaden durch die Reparatur des eigenen Laders beheben: Hierfür sind oft nur 30 bis 40 Prozent des Vergleichspreises fällig.

... wenn ich meinen Zündschlüssel verloren habe?

Nehmen wir zunächst den schwierigen Fall eines Autos mit Wegfahrsperre. Wenn der Schlüssel eines solchen Fahrzeuges zum Beispiel im Sand verschwindet, hilft leider gar nichts mehr: Das Auto muss zur nächsten Vertragswerkstatt (!) geschleppt werden, wo man Ihnen bei Vorlage der Fahrzeugpapiere bzw. bestimmter Codes einen neuen Schlüssel passend zum Auto bestellt. Das dauert – unter Umständen länger als der Rest des Urlaubs ...

Dass die Preise für Ersatzteile dieser Art noch nicht in den vierstelligen Bereich entschwunden sind, ist fast schon verwunderlich. Der Autohandel wähnt sich in einer monopolartigen Lage und langt entsprechend hin. Aber auch hier gibt es einen Spartrick: Wichtig für die Elektronik sind der Transponder für die Wegfahrsperre und die Frequenz der Funkfernbedienung. Die Technik dieser Komponenten wechselt abhängig vom Baujahr. Warum also nicht den Schlüssel eines Autos vom Autoverwerter kaufen, das dem Baujahr des eigenen Vehikels entstammt? Die Elektronik kann (natürlich nur beim Vertragshändler ...) passend zum Auto neu programmiert werden. Und der Schlüssel, also der mechanische Teil des Ganzen? Der wird genau wie ehedem nach Muster gefräst und von den Schlüsseldienstexperten ins Klappschlüsselgehäuse montiert!

Nehmen wir einen anderen, leichter zu lösenden Fall: Sie fahren ein modernes Auto mit einem »Keyless go«-System, also einem

Sicherungssystem, für das Sie keinen Schlüssel im Zündschloss benötigen. Der Transponder, mit dem Sie sich bei Ihrem Auto »einloggen«, sollte normalerweise in der Hosentasche sein, kann aber eben auch verlorengehen. Diesen Chip gibt es auch nur beim Vertragshändler, er kann aber immerhin online mit den für Ihren Wagen passenden Zugangsdaten geladen werden. Das dauert selten länger als einen Tag, und das Auto kann da stehenbleiben, wo es bei Verlust des Chips stand (manchmal geht auch das nicht, weil sowohl der Chip als auch der Empfänger im Auto synchronisiert werden müssen – und das ist dann wieder Werkstattsache!).

Am leichtesten löst sich das Problem, wenn Sie ein älteres Auto mit Ein-Schlüssel-System fahren: Hier hilft auch fern der Heimat die klassische Autoknacker-Technik mit dem Drahtbügel und dem Angeln nach dem »Knöpfchen« der Türverriegelung. Einmal offen, muss aus der Tür die Türklinke mit dem Schließzylinder ausgebaut werden. Mit diesem Muster kann jeder Schlüsseldienst einen Schlüssel anfertigen, der sich auch im Zündschloss drehen lässt. Kostenpunkt: Selten mehr als 25 Euro! Fahrer von Autos mit »Innenbahn«-Schlüsseln, also Schlüsseln ohne außenliegende »Sägezähne«, müssen zwar etwas länger nach einem passenden Schlüsseldienst suchen. Es gibt inzwischen aber auch für diese Probleme Angebote in der schönen bunten Dienstleistungswelt, die eben nur gefunden werden wollen.

Runde Sache

Was kann ich eigentlich tun ...

... wenn ich noch keine Winterreifen habe?

Das Problem ist bekannt: Es gibt keine »echte« Pflicht, Winterreifen zu benutzen, aber zur allgemeinen Beruhigung der Nerven wäre es besser, man hätte welche. Nun könnte man sich zum Reifenhändler begeben und für viel Geld gerade nicht lieferbare Reifen bestellen. Einmal geliefert, müssten die dann auf die Felgen gezogen werden, auf denen sommers die Sommerreifen laufen. Und die werden im nächsten Frühjahr wieder gegen die Sommerreifen getauscht, bis dann im Herbst ...

Ich mache das immer anders! Warum nicht mal die einschlägigen Kleinanzeigen und Internetportale nach gebrauchten Winterrädern durchforsten? Da ist immer wieder viel im Angebot, manches davon sogar richtig preiswert! Winterräder bezeichnen die fertig montierte Kombination aus Winterreifen und den zum Auto passenden Felgen. Sieht man sich schon im Sommer um, spart man erstens Geld und gerät zweitens nicht in die Warteschlange, wenn die kalte Jahreszeit beginnt. Wer sich auf die Suche begibt, muss nur die genaue Bezeichnung der für sein Auto passenden Felge wissen (die ist zwischen den Schraublöchern eingeschlagen), die richtige Reifendimension kennen und den Code (die DOT-Zahl) für das Reifenalter entschlüsseln können (zum Beispiel 2804 = Produktion in der 28. Kalenderwoche 2004).

Reifenhersteller nennen sechs bis acht Jahre als Höchstalter für Reifen – denken Sie beim Kauf daran! Für den Winter sollten die Reifen mindestens noch 5 mm Restprofil haben, ab 4 mm eignen sich die Schlappen dann nur noch zum Abfahren des Restprofils im

Frühling. Die nächsten Winterreifen können dann ganz entspannt schon im Sommer auf die »neuen« Felgen gezogen werden.

Vor der Wahl der Winterreifen empfiehlt sich die Lektüre der einschlägigen Testberichte, wobei zur Beurteilung der Ergebnisse immer die jeweils getestete Reifengröße beachtet werden muss. Unterschiedliche Größen des gleichen Reifenmodells haben nämlich teilweise auch ganz unterschiedliche Eigenschaften.

Zu guter Letzt stellt sich noch die Frage nach dem Verbleib des jeweils anderen Reifensatzes. Die nimmt ein Reifenhändler gerne »in Pension« – gegen Bezahlung, versteht sich. Für etwa die Hälfte der Einlagerungsgebühr gibt es im Herbst überall Reifenbäume, auf denen man die Reifen an der Eelge aufhängen kann – das dürfte das Optimum der Aufbewahrung darstellen. Leute mit Keller- oder Dachbodenabteil können Kompletträder aber auch einfach übereinanderstapeln. Wer seine Reifen ohne Felge einlagern will, sollte sie nebeneinanderstellen, keinesfalls schräg an die Wand lehnen oder stapeln!

... wenn ich Winterreifen im Sommer fahren will?

Ist es eigentlich in jedem Fall sinnvoll, nach Ostern die Sommerreifen rauszuholen? Winterreifen sind mit 4 mm oder weniger Restprofil zwar noch zulässig, aber bei Eis und Schnee kaum noch wirksam. Außerdem werden Winterreifen mit so wenig Profil zum Beispiel in Österreich der Definition der »Winterausrüstung« nicht mehr gerecht.

Wer jetzt 4 mm Profiltiefe misst, kann grob geschätzt noch 15.000 km mit den Reifen fahren, bis die gesetzliche Mindestprofiltiefe von 1,6 mm erreicht ist. Warum also den Profilrest nicht im Sommer »abradieren«? Winterreifen unterscheiden sich von Sommerreifen durch ihre kälteoptimierte (sprich: weichere) Gummimischung und ein Profil mit vielen Lamellen, die sich besser mit der Straßenoberfläche verzahnen. Diese Merkmale sorgen im Winter für mehr Grip und kürzere Bremswege. Im Sommer treiben

beide Aspekte den Reifenverschleiß in die Höhe und verlängern den Bremsweg, weil der zu weiche Gummi im Extremfall zu »schmieren« beginnt. Alte Winterreifen mit wenig Profil, bei denen die Lamellen bereits abgefahren sind und der Gummi ausgehärtet ist, sind im Sommer allerdings weitaus weniger kritisch. Die Gummihärte (gemessen in der Einheit »Shore«) eines neuen Winterreifens liegt zwischen 57 und 58, Sommerreifen bringen es auf Werte zwischen 74 und 78. Ein Winterreifen, der bereits vier oder fünf Winter auf dem Buckel hat, dürfte irgendwo dazwischen liegen. Wer also im Sommer die im Winter kaum nutzbaren restlichen 25 Prozent des Reifenprofils verfahren will, geht kein unkalkulierbares Risiko ein.

... wenn ich Schneeketten für mein Auto brauche?

Können Sie es eigentlich noch hören? Da ist von »Winterausrüstung« die Rede, von Bußgeldern, »faktischer« Winterreifenpflicht und von frostsicherem Scheibenwaschmittel. Und obendrein gibt es noch das Verkehrszeichen 268, das die Verwendung von Schneeketten vorschreibt. Und das ist immer ernst gemeint, selbst in den Mittelgebirgen gibt es »Pässe«, die ohne Schneeketten nicht befahren werden können. Dieses Schild gilt für alle Autos, auch für Geländewagen.

Haben Sie noch Ketten im Keller? Dann holen Sie die Dinger doch mal ans Tageslicht und vergleichen Sie die Größenangaben auf der Originalverpackung (die haben Sie doch noch ...?) mit den am Auto montierten Reifen. Die Kette muss exakt passen, damit die Kettenglieder sicher anliegen und die Freigängigkeit im Radkasten gewährleistet ist. Manche Hersteller geben ihre Fahrzeuge wegen zu enger Radkästen nicht für den Betrieb mit Schneeketten frei. Für diese Autos gibt es dann leider keine 15-Pässe-Fahrt am Neujahrstag – schade!

Wenn Ihre alten Ketten nicht passen, kann der Hersteller (steht übrigens auch auf der Originalverpackung ...) die Ketten anpassen.

Das ist aber meistens teurer als der Kauf von gebrauchten, zum Reifen passenden Ketten.

Wenn Sie sich Schneeketten neu anschaffen wollen, ist die erste Amtshandlung der Blick in den Fahrzeugschein: Ganz unten ist unter den Anmerkungen häufig eine Auflage des Herstellers für die Nutzung von Schneeketten aufgeführt. Durch den Trend zu immer größeren Rädern passen Schneeketten bei manchen Autos nur zu bestimmten, kleineren Rad-Reifen-Kombinationen. Generell empfiehlt sich bei der Verwendung von Schneeketten auf Winterreifen immer die kleinste zulässige Reifendimension: Erstens brauchen kleinere Reifen kleinere (und billigere) Ketten, und zweitens bleibt für den Ernstfall mehr Aktionsraum im Radhaus. Zu jeder Reifendimension passt genau eine Kettengröße, in eine vorhandene Schneekette passen aber viele Reifengrößen! Was sich kompliziert anhört, macht es den Kettenverkäufern einfach: Sie müssen nur relativ wenige verschiedene Schneeketten vorhalten, um fast alle Anfragen befriedigen zu können.

Für »Flachlandtiroler« lohnt der Kauf von Schneeketten in der Regel nicht – wer selten in tief verschneiten Gebirgsregionen unterwegs ist, nutzt einfach die Mietkaufoption der Automobilclubs: Wenn die gekaufte Kette nicht benutzt wurde und die Verpackung ungeöffnet ist, kann die Kette wieder zurückgegeben werden. Dann wird der Kaufpreis abzüglich einer Miete von drei bis fünf Euro pro Tag zurückerstattet.

... wenn ich meine Räder nicht abnehmen kann?

Bekanntlich verlängern die Winterpneus die Bremswege im Sommer ähnlich wie Sommerreifen die entsprechenden Distanzen im Winter. Nicht immer kann man einen Reifendienst mit dem Wechsel beauftragen, sei es aus Zeit- oder aus Geldmangel. Das ist jedoch kein Problem, denn mit Radkreuz und Wagenheber sollten auch handwerklich mittelmäßig Begabte klarkommen. Also, frisch ans Werk! Radmuttern lösen (muss das so schwer gehen?), Hand-

bremse anziehen, Räder mit Keil gegen Wegrollen sichern und den Wagenheber ansetzen (puh, geht ganz schön ins Kreuz!). Wer den Wagen dann ohne Schwellerdurchbruch in die Höhe gewuchtet hat, müsste eigentlich nach dem völligen Herausdrehen der Radschrauben bzw. –bolzen das Rad abnehmen können. In nicht wenigen Fällen sitzen die Räder jedoch auch ohne Schrauben bombenfest. In diesen Fällen empfiehlt sich folgendes Vorgehen: In die Zentrierung des Mittellochs und auf die Kontaktflächen zwischen Felge und Bremsscheibe Kriechöl sprühen und mindestens eine Nacht einwirken lassen. Achten Sie dabei bitte unbedingt darauf, nichts auf die Bremsscheibe bzw. auf die Bremsbeläge zu sprühen! Nach der Einwirkzeit sollte sich die Felge mit leichten Gummihammerschlägen gegen die Innenseite des Felgenhornes lösen lassen. Bei hartnäckig festgerosteten Felgen kann das Befahren einer Kopfsteinpflasterstrecke mit gelösten Radmuttern helfen.

... wenn mein Auto nach dem Reifenwechsel eiert?

Völlig rätselhaft ist so manchem Zeitgenossen das Fahrverhalten seines Vehikels nach dem Wechsel von Winter- auf Sommerräder. Im Vorjahr lief der Wagen noch wie auf Schienen, und jetzt, mit den gleichen Rädern, ist plötzlich Unruhe im Fahrwerk.

Eine recht triviale Ursache ist eine Veränderung der Radposition. Um eine gleichmäßige Abnutzung der Pneus zu erreichen, werden die Räder gerne zwischen der Antriebsachse und der gezogenen Achse gewechselt. Wer dabei mit der vorgeschriebenen Laufrichtung der Reifen durcheinanderkommt, hat schon mal ein Problem.

Eine weitere Störgröße können die Wuchtverhältnisse der bislang hinten montierten Räder sein, die sich im ungünstigsten Fall verschlechtert haben. An der Vorderachse können sich dann selbst kleine Unwuchten schon sehr deutlich bemerkbar machen.

Oft liegt das Problem auch in der Urgewalt, mit der mancher Selbstwechsler die Radschrauben »anknallt«. Wer statt eines

Drehmomentschlüssels nur ein Heizungsrohr als Verlängerung auf den Radmutternschlüssel steckt, verzieht sich schnell den Flansch und sogar die Felge. Besonders bei Alufelgen schreiben die Autohersteller peinlich genau zu beachtende Anzugsdrehmomente für die (Alufelgen-Spezial-)Radschrauben vor, die erstaunlich schnell erreicht sind.

Ein weiterer Stolperstein beim Umfelgen können Schmutz oder Korrosion zwischen der Felge und der Anlagefläche der Radnabe sein. Eine Säuberung mit der Drahtbürste und eine dünne Schicht Kupferpaste sorgen hier wieder für definierte Verhältnisse.

... wenn sich meine Reifen einseitig abnutzen?

Dafür gibt es verschiedene Ursachen. Wenn der Reifen nicht genügend »Druck« hat, beult sich zum Beispiel die Mitte der Lauffläche nach innen – die Lauffläche trägt nur noch auf den Außenkanten und verschleißt dort im Zeitraffer.

Eine weitere Erklärung könnte eine (zum Beispiel durch unsanften Bordsteinkontakt) verstellte Geometrie der Vorderachse sein. Im Extremfall stehen die Vorderräder dabei vorne enger zusammen als hinten und radieren regelrecht über den Asphalt. Da hilft nur eine Korrektur der Achseinstellung. Bevor es an die Achsvermessung geht, sollten allerdings die einseitig verschlissenen Reifen erneuert werden. Andernfalls wird die Vorderachse auf die schräg abgelaufenen Reifen eingestellt und stimmt dann bei neuer Bereifung wieder nicht.

Wenn sich trotz perfekt eingestellter Achsgeometrie und neuer Reifen nach kurzer Zeit schon wieder ungleichmäßiger Verschleiß bemerkbar macht, kommt die Kunststofflagerung der Querlenker als Problemquelle in Betracht. Verschleiß macht sich hier nur durch die während der Fahrt auftretenden Kräfte bemerkbar, auf dem Achsprüfstand muss man schon gezielt danach suchen. Bei einigen Autotypen ist dieses Problem »serienmäßig«, pikanterweise halten die dann eingebauten Original-Ersatzteile auch nur relativ kurz. Fachleute empfehlen daher bestimmte, besonders hochwer-

tig verarbeitete Ersatzteile von Zulieferern, die offenbar aus Kostengründen nicht den Weg in die Serienfertigung oder ins Ersatzteillager des Autoherstellers gefunden haben.

... wenn in den Fahrzeugpapieren ein bestimmtes Reifenfabrikat angegeben ist?

Die in Fahrzeugpapieren enthaltenen Reifenfabrikatsbindungen haben nur noch empfehlenden Charakter. Der TÜV beanstandet abweichende Hersteller nicht, wenn gewisse Bedingungen eingehalten werden, rät aber trotzdem, die Fahrzeugpapiere auch in diesem Punkt aus sicherheitstechnischen Gründen zu beachten. Trotz gleicher Größenbezeichnung weisen die verschiedenen Reifenfabrikate manchmal Unterschiede beim Fahrverhalten bei hoher Geschwindigkeit oder mangelnde Freigängigkeit auf. Dies liegt an der Toleranz der Reifenbreite und kann sich negativ auf die Fahrsicherheit auswirken.

Die neue Prüfgrundlage gilt für Motorräder wie für PKW, LKW, Zugmaschinen und Anhänger aller Art. Künftig werden Reifen nicht mehr beanstandet, wenn sie folgenden Bedingungen entsprechen:

☞ Die Reifenaufschrift (zum Beispiel 185/65 R 15 V) muss mit den Angaben in den Fahrzeugpapieren übereinstimmen.

☞ Der Reifen muss typgenehmigt sein, erkennbar am Genehmigungszeichen, beispielsweise »E4« oder »e1« auf dem Reifen.

☞ Bei Motorrädern muss zusätzlich noch eine Freigabebescheinigung des Fahrzeugherstellers oder des Reifenproduzenten vorliegen.

Wird die Reifenfabrikatsempfehlung aus den Fahrzeugpapieren nicht eingehalten, wird dies im TÜV-Untersuchungsbericht zwar dokumentiert, führt jedoch nicht wie früher zur Verweigerung der Prüfplakette. Voraussetzung hierfür ist allerdings, dass die Freigängigkeit eingehalten wird, das heißt, die Reifen dürfen der Karosserie oder Fahrwerkskomponenten wie Bremse oder Spurstange nicht zu nahe kommen.

... wenn die in den Papieren eingetragene Reifendimension nur schwer erhältlich ist?

Nehmen wir als Beispiel den DDR-Transporter Barkas B1000 bzw. die schweren Limousinen der 70er und frühen 80er Jahre, die langsam Kultstatus erreichen. Der Barkas war ab Werk mit Diagonalreifen der Dimension 6.70-13 ausgerüstet, einer Bauart, die eigentlich eher der Nachkriegszeit angehört. Viel moderner war hingegen die Dimension 205/70 VR 14 der ersten S-Klasse oder des ersten 7ers von BMW: Gürtelreifen für Geschwindigkeiten über 210 km/h. Beiden ist gemein, dass Angebote in genau diesen Dimensionen auf dem Markt fehlen.

Wer sein Fahrzeug nicht zum Stehzeug mutieren lassen möchte, kann sich selbst helfen. Wichtig ist der Abrollumfang der Serienbereifung. Der muss bei der Verwendung anderer Reifenformate demjenigen der serienmäßig verbauten Reifen entsprechen, damit der Tacho weiter korrekt anzeigt. Als Nächstes kommt die Suche nach einer anderen Felge, die die Verwendung von aktuellen Reifenformaten ermöglicht. In Frage kommen häufig die Felgen von Nachfolgemodellen, deren Maße zum Auto passen. Bei der S-Klasse käme etwa die Dimension 205/65 R15 V in Betracht, die in großer Auswahl im Handel ist. Der Barkas könnte mit Felgen der Suzuki-Jeep Baureihe SJ 413 sowie passenden Gürtelreifen nicht nur in die Reifen-Neuzeit gebracht, sondern auch optisch aufgewertet werden. Der originale Look geht bei beiden Autos zwar mehr oder weniger verloren, die Fahreigenschaften verbessern sich dank moderner Reifen jedoch deutlich. Über die Zulässigkeit dieser Rad-Reifen-Kombination informieren TÜV und DEKRA.

... wenn mein Reifenhändler mir Restposten anbietet?

Wenn die Winterräder in den Keller kommen (oder ins Reifenlager beim Händler), dürfen die Sommerschlappen wieder zeigen, was sie draufhaben. Damit ist in erster Linie die Profiltiefe gemeint.

Wenn die nicht mehr ausreicht (also weniger als 1,6 mm beträgt), müssen neue Pneus her. Das geht ins Geld, warum also nicht Restposten aus dem Lager wählen?

Grundsätzlich keine schlechte Idee, wenn Sie Folgendes beachten: Die Reifen sollten keinesfalls älter als zwei Jahre sein, sonst sind sie zu alt, bevor das Profil verschlissen ist (Reifen, die älter als sechs Jahre sind, lassen qualitativ deutlich nach!). Allerdings handelt es sich bei diesen Restposten um überholte Produkte, deren Gummimischung nicht mehr dem neuesten Stand der Technik entspricht. Das Reifenalter können Sie aus der seitlich eingeprägten DOT-Zahl entnehmen. (Beispiel: Wenn die DOT-Zahl 3401 lautet, ist der Reifen in der 34. Kalenderwoche des Jahres 2001 hergestellt worden. Steht 341 mit einem kleinen Dreieck neben der 1 auf der Reifenflanke, ist die 34. Kalenderwoche des Jahres 1991 gemeint.)

Wichtig ist auch das EU-Prüfsiegel: Das »E« oder »e« bestätigt die Prüfung des Reifens nach der ECE-Norm und die erteilte Zulassung. Das ist wichtig bei Reifen, die nicht in Europa hergestellt worden sind. Seit dem 1. Oktober 1998 (also bei Reifen ab der Herstellungskennung DOT 4098) ist dieses Zeichen in Europa Pflicht. Der TÜV wertet das Fehlen des ECE-Zeichens als schweren Mangel.

... wenn ich bei Reifen auf Nummer sicher gehen will?

Man kann beim Neuwagenkauf gegen Aufpreis statt des serienmäßigen Notrades ein sogenanntes »vollwertiges Ersatzrad« bestellen, um nach einem Reifenschaden wieder vollwertig bereift zu sein. Nicht immer besteht diese Wahlmöglichkeit, oft gibt es nicht einmal ein Notrad, sondern nur ein »Tire-Kit«, das aus Kunststoffhandschuhen, einem Pannenspray mit Ventil und im Idealfall einem kleinen Kompressor für den Zigarettenanzünder besteht. Wenn der Reifen allerdings geplatzt ist oder aus wichtigem Grund noch einige Zeit luftleer gefahren wurde (zum Beispiel, um aus der

Baustelle herauszukommen), hilft die größte Reifenschaumdose nicht weiter, der Pneu bleibt platt!

Wie kommt man nun aus dem Dilemma zwischen Gewichtsersparnis und Wunsch nach einer Ersatzradlösung heraus? Vielleicht sind Runflat-Reifen die Lösung! Wie der Name vermuten lässt, lassen diese Reifen auch in luftleerem Zustand das Auto weiter rollen. Mit 0 bar kann ein mit diesen Reifen ausgerüstetes Auto noch etwa 150 km mit 80 km/h fahren – das genügt auf jeden Fall, um einen Reifenhändler zu erreichen. Diese Notlaufeigenschaft wird durch extrem stabil gebaute Reifenflanken erzielt, die auch ohne Druck in der Lage sind, das Fahrzeuggewicht zu tragen. Der Reifen springt dabei nicht aus dem Felgenhump und wird auch nicht von der Felge zerschnitten. Runflat-Reifen werden von vielen Herstellern angeboten und benötigen keine Sonderfelgen.

... wenn mir der Reifenhändler Reifengas anbietet?

Die Autos auf deutschen Straßen fahren oft mit zu geringem Luftdruck – die Reifenbranche spricht in diesem Zusammenhang vom »Reifenkiller Nummer 1«. Dabei ist es doch ganz einfach: Bei jedem zweiten Tankstellenbesuch schnell den Luftdruck prüfen ... Ja, theoretisch vielleicht! In der Praxis ist einem das meist zu mühsam und zeitaufwändig, es unterbleibt also oft.

Daher gibt es im Reifenhandel jetzt Reifengas. Für etwa drei Euro pro Reifen kann man sich auf die sichere Seite begeben – behaupten jedenfalls die Anbieter. Reifengas ist reiner Stickstoff, aus dem auch unsere Atemluft zu 79 Prozent besteht. Angeblich hält das Reifengas den Druck im Reifen länger konstant, weil die Moleküle größer sind als die der normalerweise verwendeten Luft und somit mehr Zeit für die Diffusion ins Freie benötigen. Die Molekühle der beiden Gase sind jedoch fast gleich groß, das kann also angesichts des geringen Sauerstoffanteils in der normalen Atemluft kein Argument sein. Eine negative Wirkung könnten viel-

mehr die größere Löslichkeit und Diffusionsgeschwindigkeit des Luft-Sauerstoffs im Gummi haben. was angesichts des geringen Sauerstoffanteils in der normalen Luft aber zu vernachlässigen ist.

Im Ergebnis bleibt einem auch mit Reifengas die Kontrolle des Reifendrucks nicht erspart, und jeder Druckstoß aus dem Tankstellenkompressor bringt wieder ordinäre Atemluft in den Reifen. Die theoretisch möglichen Vorteile von Reifengas werden durch mögliche Undichtigkeiten zwischen Reifen und Felge oder am Ventil bei weitem überkompensiert. Der Nutzen des Reifengases liegt also eher in der Beruhigung des eigenen Gewissens des Autofahrers und der Gewinnmaximierung des Anbieters.

... wenn ich einen schleichenden Plattfuß habe?

Wenn eines Ihrer Räder Luft verliert, bleibt Ihnen nicht viel mehr übrig, als sich an einen Reifenspezialisten zu wenden! Neben ordinären Löchern im Reifen, die durch Nägel oder andere spitze Gegenstände verursacht wurden, kommt noch Korrosion im Felgenhump in Frage, die die Luft langsam zwischen Reifen und Felge davonstreichen lässt. Auch in diesem Fall muss der Reifen von der Felge gezogen werden, um die Korrosion zu entfernen und die Felgenoberfläche mit Lack zu versiegeln.

Auch ein Blick auf die Reifenventile kann nie schaden: Auf jedem Ventil sollte sich ein festsitzendes Schraubkäppchen befinden! Ohne diese Kappe kann nämlich Schmutz in das Innere des Ventils gelangen und Undichtigkeiten am Ventilsitz verursachen. Hier darf man dann auch selbst Hand anlegen: Der Ventileinsatz ist in das eigentliche Ventil eingeschraubt und kann nach dem Herausdrehen leicht überprüft bzw. gewechselt werden. Dazu gibt es ein spezielles Werkzeug, das sich entweder an der Schutzkappe auf dem Ventil befindet oder beim Reifenhändler erworben werden kann. Durch den geringen Preis der Ventileinsätze bietet sich ein vorbeugender Wechsel an.

Wenn alle Mühe nichts hilft und der Reifen immer noch Luft verliert, kommt mancher Zeitgenosse vielleicht auf die Idee, mit Reifendichtmitteln aus der Sprühdose für Abhilfe zu sorgen. Wer aber einmal einen Reifendienstmann bei der Entfernung der Latexschicht aus dem Inneren eines Rades hat fluchen hören, weiß, warum diese Technik nur für Notfälle gedacht ist.

Wind und Wetter

Was kann ich eigentlich tun ...

... wenn ich meine Waschanlage winterfit machen will?

Am 1. Mai 2006 verdonnerte der Gesetzgeber uns alle zur »witterungsgemäßen« Ausrüstung unserer Autos im Winter. Dazu gehören natürlich vor allem die richtige Bereifung, aber auch funktionierende Scheibenwischer nebst einer mit Reinigungsmittel gefüllten Scheibenwaschanlage. Reines Wasser genügt den Anforderungen schon im Sommer nicht, doch in der kalten Jahreszeit würde es zum Eisklotz gefrieren und gar nichts mehr abspülen. Der alte Fahrensmann mischte daher früher 50 Prozent Spiritus mit ins Wischwasser, dazu noch einen Tropfen Spülmittel, und schon war auf der Scheibe wieder alles klar. Leider lässt die moderne Autotechnik diese Tricks nicht mehr zu. Die haushaltsüblichen Reinigungsmittel können sich schon in kleinen Konzentrationen in die Oberfläche von Kunststoff fressen. Vor allem das glasklare, häufig als Scheinwerferglas verwendete Polycarbonat ist da empfindlich. Werden die Scheinwerfer durch die Scheinwerferwaschanlage mit einem ungeeigneten Reinigungsmittel geduscht, führt das zu einer Lockerung der zwischenmolekularen Bindungskräfte im Kunststoff, und es entstehen Spannungsrisse. Mit steigender Temperatur reduziert sich die notwendige Einwirkzeit bis zur Rissbildung, so dass unter Umständen bereits wenige Sekunden zu Schäden führen. Dann reißen die spröde gewordenen Streuscheiben beim ersten kleinen Stoß.

Die Hersteller empfehlen in der Bedienungsanleitung geeignete, aber auch teure Mittel. Günstiger, aber gleichwertig kann man sich bei den bekannten Autopflegemittel-Herstellern eindecken. In

der Regel sind Markenprodukte hier unbedenklich, dafür aber teurer als die 5-Liter-Kanister aus dem Supermarkt.

Um die reinigende Flüssigkeit bei strengem Frost an die richtige Stelle zu bekommen, müssen die Düsen richtig eingestellt, durchgängig und natürlich an das System angeschlossen sein. Wenn ein Test trotzdem nur müde Spritzer bringt, könnte die Spritzwasserpumpe defekt oder verschmutzt sein. Ein ideales Ergebnis erhält man, wenn man die Spritzdüsen erneuert, diese mit neuen Schläuchen an die Pumpe anschließt und den Spritzwasserbehälter gewissenhaft reinigt. Dort haben sich häufig Sedimente gebildet, die von der Pumpe angesaugt werden und alles verstopfen. Mit frischem Waschwasser kann das System dann richtig durchgespült werden.

... wenn ich für optimalen Frostschutz im Kühlmittel sorgen will?

Man kann sich eine Menge Ärger ersparen, indem man beizeiten die Frostfestigkeit des Kühlmittels überprüft. Aber woher weiß ich, wie viel Frostschutzmittel im Kühlsystem ist? Wer im Sommer Leitungswasser nachgefüllt hat, sollte sich für ein paar Euro einen Frostschutzprüfer kaufen (gibt es im Kaufhaus für zwei bis drei Euro) und die Frostfestigkeit damit prüfen. Wenn nach dem Ansaugen einer kleinen Testmenge Kühlwasser der Messzeiger bei −30 °C stehen bleibt, sind Sie auf der sicheren Seite. Sollte die Frostschutzkonzentration zu niedrig sein, füllen Sie nur Frostschutz (ohne Wasser) nach.

Frostschutzmittel ist ein Hightech-Produkt und erfüllt individuelle Anforderungen, jeweils abhängig vom Motor und den im Kühlsystem verwendeten Metallen und Kunststoffen. Darum geben die Hersteller ganz bestimmte Empfehlungen. Der Zusatz im Kühlwasser schützt den Motor nicht nur vor Überhitzung und im Winter vor Frost, sondern das ganze Jahr über vor Korrosion. Wird dem Kühlwasser ein ungeeignetes Mittel beigemischt, können die metallischen Komponenten des Kühlsystems (Kühler, Wasserpumpe,

Kurbelgehäuse und Zylinderkopf) korrodieren. Korrosionspartikel verstopfen dann unter Umständen die feinen Kühlerkanäle und setzen die Kühlleistung herab.

Welcher Frostschutz kommt denn nun in Frage? Im Handel findet man in der Regel drei unterschiedliche Qualitäten. Den Klassiker »Glysantin« gibt es zum Beispiel als G 05 (gelb) für LKW-Grauguss-Motoren, als G 48 (blaugrün) für alle gängigen Alltags-triebwerke und als G 30 (violett) für Motoren aus Aluminium, die im Zuge der Leichtbau-Bemühungen immer häufiger zum Einsatz kommen. Auch bei den Konkurrenzprodukten sind die unterschiedlichen Sorten an der Farbe zu erkennen.

... wenn die Scheibenwischer über die Scheibe rattern?

Nieselregen, Rushhour und geräuschvoll ruckende Wischerblätter: Stressiger geht's tritt beim Autofahren kaum noch! Wenn die zur »Schmierung« auf die Scheibe gespritzte Scheibenreinigungsflüssigkeit kurzzeitig Besserung bringt, liegt die Problemlösung nahe: Der Film aus Straßendreck, Ölen und den Wachsresten der letzten Autowäsche muss runter von der Frontscheibe! Profis greifen zu Silikonentferner aus dem Lackiererbedarf, der leistet ganze Arbeit. Nebeneffekt: Der erste Wischereinsatz danach führt zu einem perfekten Wischbild – aber nur, wenn die Wischblätter noch in Ordnung sind.

Falls immer noch Schlieren entstehen, wird Stufe 2 gezündet: Erneuerung der Wischerblätter. Greifen Sie bitte zu Markenware, die Billigheimer aus dem Supermarkt halten keine Woche! Qualitätsentscheidend ist nicht die Gummilippe, sondern die Ausführung der Andruckfedern und der Gelenke des Wischerblattes. Viel Spiel und zu viel Härte an den falschen Stellen begünstigen das Rattern, das wir ja gerade loswerden wollen.

Wenn auch mit bester Wischerqualität keine Ruhe einkehrt, wird es anspruchsvoll: Stoppen Sie die Wischer in senkrechter Stellung durch das Ausschalten der Zündung. Montieren Sie in

dieser Stellung die Wischerblätter ab, und prüfen Sie die Auflage der nackten Wischerarme auf der Frontscheibe. Liegt der Arm nur mit einer Kante auf der Scheibe, muss er vorsichtig verdreht werden. Ideal ist die vollflächige Auflage: Nur dann können neue Wischblätter auf sauberer Scheibe geräuschlos gleiten.

... wenn meine Scheiben ständig beschlagen?

Sie werden es nicht glauben: Lüften! Ein geöffnetes Fenster wirkt Wunder, allerdings wird es dann meistens auch kalt im Auto. Deshalb haben die Konstrukteure Ihres Autos eine trickreiche Belüftungsanlage erdacht, die Sie sogar nach Ihren eigenen Wünschen einstellen können.

Und da liegt das Problem: Manche Leute stellen die Lüftung so ein, dass im Auto kein Luftwechsel mehr stattfindet. Ein klassischer Irrtum ist die Bedienung der Umlufttaste, die den Luftzustrom von außen völlig abschneidet. Das hat manchmal durchaus seinen Sinn, etwa bei einem Stau im Tunnel, wenn man hinter einem rußenden albanischen Sattelschlepper eine Passstraße hochkriecht, oder im Sommer die Luft im Auto schnell kühl bekommen möchte. Wenn man jedoch nach zehn Minuten die Klappe in der Lüftung nicht wieder öffnet, beginnen selbst bei Sonnenschein und 30 °C die Scheiben von innen zu beschlagen. Im Winter ist dieses Phänomen noch wesentlich stärker ausgeprägt, weil die Scheiben kälter sind und die Feuchtigkeit im Auto viel höher ist als im Sommer. Es muss also immer ein leichter Luftstrom durchs Auto streichen, der gerne auch durch die Heizung erwärmt werden kann.

Wichtig ist in diesem Zusammenhang ein durchlässiger Pollenfilter: In manchen Autos ist er noch nie gewechselt worden! Wenn der Filter erst mal richtig verstopft ist, wird der Luftzustrom so gedrosselt, dass die Feuchtigkeit aus der Atemluft oder der Kleidung nicht schnell genug abgeleitet werden kann und sich störend an den Scheiben niederschlägt.

... wenn ich im Winter immer ein sauberes Auto haben will?

Soll man seinen Wagen im Winter waschen oder soll man nicht? Die einen dichten sauberen Autos im Winter eine bessere Erkennbarkeit an, andere indes warnen vor gefrorenen Schlüssellöchern und Türdichtungen. Wieder andere sagen, die Wäsche im Winter bringe ohnehin nichts, und die Nächsten fahren nur mit einem regennassem Wagen in die Wäsche. Was also ist nun gut und richtig?

Sechs Monate sollte kein Auto als Waschmuffel unterwegs sein, weil der Winterdreck immer Streusalz enthält, und Streusalz ist nach wie vor der Rostgrund Nummer 1. Außerdem müssen die Glasflächen am Auto im Winter dauernd gesäubert werden. Das sind neben den Fensterscheiben auch die Streuscheiben von Scheinwerfern und Rückleuchten. Bei verschmutzten Scheiben reduziert sich die Sichtweite für den Fahrer um mehr als 75 Prozent, die Lichtstärke der Scheinwerfer fällt im Extremfall um die Hälfte ab.

Häufigere Wäschen im Winter schaden dem verschmutzten Lack nicht, falls er im Herbst eine frische Schicht Hartwachs bekommen hat und die Waschanlage möglichst mit regennassem Auto angesteuert wird. Wenn es kalt ist und Schnee liegt, sollten vor der Wäsche Schnee und Eis vom Auto entfernt werden, damit sich lösende Eisplatten von den Waschbürsten nicht auf dem Blech herumgewirbelt werden.

Eine gute Idee ist die Unterbodenwäsche, obwohl dieser Waschstraßenprogrammpunkt eigentlich seinen Namen nicht verdient. Die »Wasserschwallbehandlung« dieses kostenpflichtigen Extras kann nicht mit einem Dampfstrahler in der Hand eines Fachmannes gleichgesetzt werden, der normalerweise die Unterbodenwäsche vornehmen sollte. Im Winter sorgt diese kleine Mehrausgabe beim Waschstraßenbesuch jedoch für eine Ausdünnung der Salzkruste am Autobauch und damit für ein geringeres Korrosionsrisiko.

... wenn die Heizung mein Auto nicht heizt?

Die Heizung im Auto ist eine Wasserheizung, das heißt, die Wärme des Kühlwassers erwärmt von außen ins Fahrzeug geführte Luft und sorgt so für eine angenehme Temperatur. Im Belüftungssystem sitzt dafür ein Wärmetauscher, der so ähnlich aussieht wie ein kleiner Wasserkühler. Das im Kühlkreislauf des Motors zirkulierende Wasser wird durch diesen Wärmetauscher geleitet und erwärmt ihn auf etwa 85 °C. Zur Regulierung der Heizung wird eine verstellbare Luftklappe benutzt, die den Luftstrom entweder gar nicht (im Sommer), teilweise oder ganz durch den Wärmetauscher leitet.

Wenn die Heizung kalt bleibt, könnte die Betätigung der Luftklappe ausgehakt sein. Dann bleibt die Klappe nämlich in Stellung »Sommer« und die Luft strömt am Wärmetauscher der Heizung vorbei aus den Heizungsdüsen eiskalt in den Innenraum. Die Reparatur ist oft schwierig, weil es hinter dem Armaturenbrett sehr eng zugeht. Eine andere Fehlerquelle ist der Kühlwasserthermostat, der für eine möglichst gleichmäßige Temperatur des Kühlwassers sorgen soll. Wenn dieser »Wasserhahn« in Stellung »offen« hängen bleibt, strömt viel zu viel Kühlwasser durch den Motor, der dann auch bei –25 °C viel zu stark gekühlt wird und bestenfalls im Stau seine normale Betriebstemperatur erreicht. Ein Austausch des Thermostats sorgt hier ganz schnell wieder für warme Füße. Schließlich gibt es noch eine sehr einfache Lösung für Probleme mit der Heizung: Zu wenig Kühlwasser! Wenn der Wasserstand zu weit abgesunken ist, reicht es im Winter zwar noch für die Motorkühlung, aber nicht mehr für die Heizung!

... wenn mein Kühler eingefroren ist?

Wenn es zu diesem GAU des Kühlsystems gekommen ist, bleibt eigentlich nur noch Hoffen und Beten! Leider friert in diesen Fällen nicht nur der Kühler ein, sondern der gesamte Motorblock.

Durch ihre Konstruktion sind Motoren auf diese Fälle vorbereitet und lassen zur Vermeidung von Rissen im Block die Froststopfen »knallen«. (Bei Froststopfen handelt es sich um von außen in den Motorblock geschlagene Metalldeckel, die im Ernstfall vom Kühlwasser aus ihrem Sitz gedrückt werden und so für Druckentlastung sorgen.)

Ein eingefrorenes Kühlsystem muss also auf jeden Fall in die geheizte (!) Werkstatt, vor Ort am Straßenrand lässt sich nichts mehr ausrichten. Nach dem Auftauen von Kühler und Block wird der Spezialist zunächst die Dichtigkeit des Kühlsystems überprüfen und undichte Teile (meistens Kühler und Froststopfen) ersetzen. Anschließend befüllt er das System mit frischem Kühlmittel und dem vom Hersteller empfohlenen Frostschutzmittel. Ein Probelauf zeigt dann, ob alles wieder in Ordnung ist oder ob verdeckte Schäden (Risse im Zylinderkopf) weitere Reparaturen erforderlich machen.

... wenn meine Türschlösser eingefroren sind?

Früher wurden Tricks mit durch Feuerzeugflammen erhitzten Schlüsselbärten oder durch Batteriestrom beheizten Schlüssellochsonden heiß gehandelt. Außer verschmorten Kunststoffdichtungen im Schloss und einer Sammlung neuer Flüche brachte das aber nicht viel. Wesentlich besser wirkte der heiße Lappen, der das Schloss recht schnell zur Mitarbeit überredete. Leider fror der ganze Kram unmittelbar danach schlimmer zu als vorher. Was soll man also heute raten?

Besorgen Sie sich eines dieser Gelkissen, die zum Kühlen oder Wärmen von Gelenken verordnet werden. Nach Herstellervorschrift in der Mikrowelle erhitzt, bringt es viel Wärmeenergie ins Schloss, das dabei aber völlig trocken bleibt. Um ein erneutes Einfrieren zu vermeiden, sollten Sie anschließend Türschlossenteiser und sofort danach ein Schlossschmiermittel (Graphit/»weißes Spray«) hineinsprühen. Das Schmiermittel wirkt wasserverdrän-

gend, so dass beim nächsten Frost weniger Feuchtigkeit gefrieren kann. Genauso wichtig ist die Pflege der Türdichtungen, die aus relativ weichem, saugfähigem Gummi bestehen. Wenn die Dichtungen durch eine Regenphase noch feucht sind und nicht mit Pflegemittel behandelt wurden, frieren sie häufig bombenfest am Türrahmen fest und werden durch grobe Öffnungsversuche aus ihrer Führung gerissen. Dabei werden sie oft zerstört und müssen für viel Geld (wir reden hier von dreistelligen Beträgen!) ersetzt werden. Da lohnt die vorbeugende Behandlung mit Glyzerin, Hirschtalg oder Kunststoffpflegemitteln. Zum Auftragen muss es übrigens nicht über 0 °C haben.

... wenn mein Auto bei Feuchtigkeit schlecht anspringt?

Ich kenne einen Fall, da wollte ein 22 Jahre altes Auto bei strömendem Regen und tropischer Luftfeuchtigkeit selbst mit »Start-Pilot«, einem hochexplosiven Starthilfe-Spray aus der Sprühdose, und lebhaft drehendem Anlasser einfach nicht anspringen – doch kaum schien die Sonne, reichte fast schon ein drohendes Klappern mit dem Zündschlüssel, und der Motor lief.

Zur Lösung von Problemen wie diesem wird eine zweite Person benötigt, die im Auto den Anlasser betätigt. Das Ganze sollte bei Dunkelheit stattfinden, und die Zündkabel müssen vorher mit salzigem Wasser aus der Blumenspritze eingenebelt werden. Wenn jetzt beim Drehen des Anlassers der Motor nicht oder nur schwer anspringt, dafür aber knisternde Funken von den Zündkabeln zum Motorblock überspringen, sind die Zündkabel porös und isolieren die Hochspannung der Zündung bei feuchten Umweltbedingungen nicht mehr gegen die Fahrzeugmasse.

Die Therapie versteht sich von selbst: Alle Zündkabel, auch das zwischen Zündspule und Verteiler, sind zu erneuern! Was aber, wenn der Motor trotz der kleinen Salzdusche sofort anspringt? Dann sollten Sie die Blumenspritze noch einmal ins Innere der Verteilerkappe halten. Wenn Sie dort bereits Korrosion und

Grünspan erkennen, dürfte der Motor beim nächsten Startversuch gar keine Zündung mehr erleben, weil sich die Zündspannung bereits im Verteiler gegen Masse davonmacht.

Das Mittel der Wahl ist also immer die oft zitierte 3-K-Lösung: (Zünd-)Kabel, (Verteiler-)Kappe und (Zünd-)Kerzen sollten getauscht werden, wenn ein monsunartiger Sommer das Auto zu oft stillstehen lässt!

... wenn mein Auto »abgesoffen« ist?

Hochwasser – Land unter, und Ihr Wagen mitten in den Fluten. Ein Alptraum, der aber, wie man im Fernsehen sieht, durchaus wahr werden kann.

Glücklicherweise sind Türdichtungen nicht druckwasserfest, sonst würde Ihnen das Auto nämlich wegschwimmen. Andererseits wird durch eindringendes Wasser natürlich der Innenraum nass und schmutzig. Ein zu hoher Wasserstand ist auch der Auto-Elektronik nicht bekömmlich.

Wenn sich das Malheur bei ruhiger See abgespielt hat, also keine Kollateralschäden in Elektronik und Motormechanik aufgetreten sind, kann man mit Eigeninitiative einiges retten. Die erste Maßnahme muss sein, möglichst schnell möglichst viel von der unappetitlichen Pampe aus dem Autoinneren zu entfernen. Hier kann ein guter Nasssauger (aus der Vermietabteilung des Baumarktes) Wunder wirken. Während der Trockenlegung darf man übrigens ruhig großzügig mit dem Gartenschlauch nachspülen – nasser als nass kann der Autoteppich sowieso nicht werden. Wenn man ein annähernd sauberes Ergebnis erzielt hat, kann man damit beginnen, die Feuchtigkeit aus dem Auto zu ziehen. Der erste Schritt ist hierbei die Trocknung mit offenen Türen in praller Sonne (so vorhanden ...), etwa zwei Tage lang. Der nächste Schritt ist die Durchlüftung, am besten mit voll aufgedrehter Heizung, während der Fahrt. Wenn dabei kein Modergeruch auftritt (der leider nur mit einer aufwendigen Totalreinigung durch einen Autoaufbereiter wieder weg geht) kommt

schließlich der dritte Schritt. Der ist am bequemsten, denn nun brauchen Sie nur noch zwei bis drei Raumentfeuchter-Sets aus dem Supermarkt in den Wagen zu packen. Alles Weitere ist dann eine Zeitfrage.

Vorbeugen ist besser als heilen

Was kann ich eigentlich tun ...

... wenn ich mein Bordwerkzeug ergänzen will?

Aus PR-Gründen gibt es in jedem Auto das sogenannte Bordwerkzeug. Das besteht bei durchschnittlichen Autos aus dem Wagenheber, einem Radmutternschlüssel und zwei oder drei weiteren, selbst für Profis weitgehend nutzlosen Teilen. Im Falle einer Panne, die nichts mit den Reifen zu tun hat, ist man damit etwa genau so gut aufgestellt wie ganz ohne Werkzeug. Das liegt nicht nur an der Qualität und Quantität dieses serienmäßig mitgelieferten Notfall-Kits, sondern auch an der Ausführung moderner Autos: Die sind so was von elektronisiert und kunststoffverkapselt, dass selbst ein gelber Engel manchmal nur noch den Abschleppwagen rufen kann.

Wozu also Werkzeug? Vielleicht sollte man besser von Ausrüstung sprechen, und da kann man schon eine gewisse Optimierung erreichen. Wer mit Alurädern eine Reifenpanne erleidet und frohgemut zum Notrad greift, merkt vielleicht, dass mit den Radbolzen der Alufelgen beim Befestigen des Notrades zwar die Radnaben blockiert werden, das Notrad aber trotzdem auf dem Flansch klappert. Empfehlenswert ist also ein Satz Radschrauben, die auch für das Reserverad geeignet sind.

Gleiches gilt übrigens für den Schlüssel, mit dem die Schrauben gelöst werden sollen. Serienmäßig sind diese Schlüssel häufig von äußerst mäßiger Qualität, die das Lösen der Radmuttern fast unmöglich macht. Da bietet selbst ein Supermarkt-Angebot eine deutliche Verbesserung. Darüberhinaus lohnen eigentlich nur noch die Anschaffung eines guten (!) Starthilfekabels mit

Puffer gegen Spannungsspitzen (zum Schutz der Bordelektronik) und ein ordentliches Winterset zum Kampf gegen Schnee und Eis auf der Karosse.

... wenn der Frühlingscheck für 4,95 Euro angeboten wird?

Was sich im ersten Moment unseriös anhört, kann eine preiswerte Möglichkeit sein, etwas über sein Auto zu erfahren. Im Idealfall halten Sie nach dem Frühlingscheck nämlich ein Blatt Papier in der Hand, auf dem sämtliche Schwachpunkte Ihres Vehikels vermerkt sind. Vergleichbar damit ist ein Bericht vom TÜV oder von der DEKRA, die allerdings jeweils deutlich mehr für ihre Mühe berechnen.

Die Preisdifferenz stammt aus den unterschiedlichen Geschäftsmodellen beider Anbieter: TÜV und Co. verdienen ihr Geld mit ebendiesen Gutachten, die Werkstatt macht ihr Geschäft hingegen mit ihren Dienstleistungen. Zu den Prüfingenieuren muss man regelmäßig in gesetzlich vorgeschriebenen Zeiträumen fahren, in die Werkstatt fährt Otto Normalverbraucher erst dann, wenn das Auto nicht oder kaum noch fährt.

Aus diesem Grund hat man sich bei den Werkstätten den Frühjahrscheck einfallen lassen: Ist das Auto erst einmal auf der Hebebühne, kommt der Reparaturauftrag ganz von selbst.

Leider wird dieser vermeintliche Automatismus oft mit der Brechstange ausgelöst, indem man sich die Unkenntnis des Werkstattkunden zunutze macht. Wer wollte sich dem Argument verschließen, dass die Bremsen »demnächst« ganz sicher ausfallen werden? Oder dass der Auspuff die geplante Alpenüberquerung keinesfalls übersteht? In den meisten Fällen bedeuten diese Aussagen nur, dass die erwähnten Teile im Auge behalten werden müssen. Eine Rechtfertigung für einen nicht mit Ihnen abgesprochenen Reparaturbeginn («Jetzt haben wir aber schon alles auseinandergebaut ...«) sind sie keinesfalls.

... wenn ich meine Batterie über den Winter retten will?

Alle Jahre wieder wird das Sommer-Spielmobil noch einmal gewaschen und gesaugt, dann kommt es zur Winterpause in die Garage. Schlüssel abziehen, Tor zu, das war's.

War's das wirklich? Denken Sie mal an den letzten Frühling, den Start in die neue Saison: Wie lief das da mit dem Anspringen? Nur noch müdes Anlasserhusten? Auch mit Ladegerät kein Saft mehr im Akku? Das ist eben so, werden Sie sagen, die Batterie des Sommerfahrzeuges ist ein Verschleißteil.

Das muss aber nicht so sein. Ein einfacher Tipp ist zum Beispiel das Abklemmen der Batteriekabel vor der Winterpause. Dann schaffen neuere Akkus den Neustart gerade noch. Bis zu zwei Sommer mehr kann man so aus einer Batterie herausholen.

Wesentlich besser funktioniert natürlich die sogenannte Erhaltungsladung, bei der ein spezielles Kleinladegerät mit geringen Strömen den Fahrbetrieb simuliert. Dabei wird die Batterie bis zu einem einprogrammierten Spannungswert geladen und anschließend auf ein niedrigeres Niveau entladen, um dann wieder geladen zu werden. So geht das den ganzen Winter, und mit den ersten Sonnenstrahlen ist der Akku dann wieder voll da.

Für Leute, die das nicht mehr gebacken kriegen und deren Batterie ohnehin schon tot ist, gibt es aber auch Hilfe: Der »Mega-Pulser« aus dem Bootszubehörhandel knackt auch dicke Sulfatschichten von den Bleiplatten der Autobatterie und bringt selbst hoffnungslose Fälle wieder in Schwung. Und das alles zum Preis einer neuen Batterie ...

... wenn ich nur 3000 Kilometer im Jahr fahre und trotzdem ein Ölwechsel fällig ist?

Der Ölwechsel ist fällig, wenn die Wartungsintervallanzeige blinkt! Die Programmierung dieser Anzeige ist von der Art und Weise der Fahrzeugnutzung abhängig, von der Ölqualität und auch von dem

Zeitraum, der seit dem letzten Ölwechsel verstrichen ist. Im Extremfall können 30.000 km nach nur sechs Monaten bis zum Aufleuchten eines entsprechenden Lämpchens auf dem Tacho stehen, es kann aber auch schon nach 3600 km und zwölf Monaten so weit sein.

Doch nicht alle Fahrzeuge sind mit dieser Technik ausgerüstet. Autos ohne Wartungsintervallanzeige haben von ihren Herstellern eindeutige Anweisungen mit auf den Weg bekommen: Das Öl muss nach einer vorgegebenen Laufleistung bzw. nach Ablauf einer bestimmten Zeitspanne gewechselt werden. Den richtigen Zeitpunkt bestimmt diejenige der beiden Vorgaben, die zuerst erreicht wird! Selbst extreme Wenigfahrer müssen das Öl mindestens einmal im Jahr wechseln, weil sich der Schmierstoff verändert. Gerade bei Kurzstreckenfahrten ohne völlige Durchwärmung des Motors nimmt das Motoröl Kraftstoff und Kondenswasser auf, wodurch sich seine Schmierfähigkeit deutlich verschlechtert. Hinzu kommt eine chemische Veränderung der Ölbestandteile, die das Öl regelrecht aggressiv macht. Autos, die jahrelang mit dem gleichen Öl stillstehen, haben oft völlig korrodierte Motorinnereien.

Es gilt also noch immer: Ein Ölwechsel pro Jahr ist das absolute Minimum! Abweichungen davon bei Verwendung von vollsynthetischem Öl werden zwar diskutiert, aber noch nicht empfohlen.

... wenn ich mein Auto gut schmieren möchte?

Wichtig ist vor allem eins: Nie von den Herstellervorgaben abweichen! Jedes Experiment in dieser Richtung könnte Ihre Garantieansprüche beeinflussen oder (bei älteren Fahrzeugen) zu technischen Störungen führen. Dies muss die Basis aller weiteren Überlegungen sein.

Die Hersteller empfehlen Sorten, die die Vertragshändler vorrätig haben und zu »günstigen« Konditionen abgeben. Alternativen, die ebenfalls die nötige Freigabe des Autoherstellers haben, gibt es bei den großen Mineralölfirmen. Diese Öle bieten identische oder bessere Schmierstoffqualitäten zu deutlich geringeren Kosten. Eine weitere Möglichkeit ist das »Umölen« auf eine andere (billigere) Ölsorte durch den Vertragshändler, wodurch sich allerdings das Wechselintervall verkürzt. Das kann sich aber bei Autos mit geringeren Jahresfahrleistungen, die unabhängig von den gefahrenen Kilometern einmal pro Jahr zum Ölwechsel müssen, durchaus lohnen.

Die immer wieder angebotenen Dauerölfilter sind übrigens keine Alternative, weil sie die chemische Alterung des Motoröls trotz des hohen Einbau- und Kostenaufwands nicht aufhalten können. Und nach 100.000 km hat sich auch das teuerste Öl in eine saure Brühe verwandelt, die den Motor von innen zerfrisst.

Die alten Schätzchen auf unseren Straßen können übrigens unbedenklich mit Öl aus preiswerter Quelle geschmiert werden, da dessen Qualität fast immer weit über der der Spitzenöle aus der Bauzeit des Vehikels liegt.

... wenn ich den Getriebeölstand prüfen will?

Manche Autos sind etwas inkontinent: Ihr teurer Schmierstoff tropft aus Motor und Getriebe. Dabei sinkt der Ölstand stetig ab, womöglich auf ein ungesundes Niveau. Beim Motoröl kann man den Ölvorrat leicht mit einem Peilstab prüfen, aber im Getriebe? Früher hatten manche Autos auch für die Schaltbox Peilstäbe (zum Beispiel der Saab 99), heute muss man zum Prüfen des Getriebeölstands unters Auto kriechen. Sollten sogar Geräusche aus dem Antriebsbereich hörbar sein, könnte so eine Kontrolle dem Getriebe das Leben retten!

Wichtigste Vorbereitung ist die Lokalisierung der Getriebeöl-Ablassschraube. Deren Position entnehmen Sie entweder einer der zahlreichen Reparaturanleitungen oder einem Gespräch mit dem Monteur der Stammwerkstatt. In der Regel handelt es sich dabei um eine große Innensechskant-Madenschraube, die am besten mit

einem speziellen »Öldienstschlüssel« gelöst werden kann. Wenn die Schraube gelockert ist und Ihnen nach den ersten Umdrehungen schon Schmierstoff entgegensickert, können Sie Ihr Vorhaben abbrechen: Der Ölstand ist ausreichend! Ist die Schraube herausgedreht, ohne dass Öl herausgetropft ist, sollte der Pegel im Getriebe bis zum Rand des Schraubenlochs reichen. Tut er das nicht, muss nachgefüllt werden. Die nötige Ölqualität ist in der Bedienungsanleitung vermerkt. Spezielle Ölflaschen mit einem Schlauch im Deckel erleichtern Ihnen das Nachfüllen aus der verkrümmten Position unter dem Auto.

... wenn die Werkstatt meine Bremsflüssigkeit wechseln will?

Generell ist das natürlich eine gute Idee. Jeder Hersteller von Autos und Bremsen empfiehlt spätestens nach zwei Jahren einen Wechsel der Bremsflüssigkeit. Die Bremsflüssigkeit hat nämlich die Eigenschaft, Luftfeuchtigkeit zu binden. Das ist zunächst einmal kein Problem, weil der Bremsensaft einiges an Wasser aufnehmen kann, bevor es hydraulisch kritisch wird. Leider führt diese Verwässerung aber zum Absinken des Siedepunktes. Wer mit einem schweren Wohnwagen die 15-Pässe-Tour bewältigen will, braucht jedoch hitzefeste Bremsen. Bei hoher Belastung können die Bremsscheiben bis zur Rotglut erhitzt werden, und diese Wärme wird von der Bremsflüssigkeit aufgenommen. Wenn aber zu viel Wasser darin enthalten ist, kocht die Flüssigkeit unter Umständen schon bei 170 °C und nicht erst bei 250 °C. Und sobald es in den Bremsleitungen brodelt, ist es aus mit dem Bremsdruck!

Sie meinen, wenn Sie nie durch die Alpen fahren und immer nur im Stau stehen, tangiert Sie das nicht? Gut, vielleicht wird es keine Dampfblasen geben, aber dafür Rost in den Bremszylindern mit anschließenden Undichtigkeiten. Das Wasser in der Bremsflüssigkeit wirkt nämlich korrosiv und zerstört dadurch die Dichtflächen der Bremshydraulik. Abhilfe schafft dann nur eine Totalrenovierung der Bremsanlage, und das kostet gerne zehn- bis fünfzehnmal so viel wie ein Bremsflüssigkeitswechsel.

Trotz allem müssen Sie sich nicht sklavisch an den Zweijahresturnus halten. Man kann den Wassergehalt der Bremsflüssigkeit auch messen, und danach können Sie selbst entscheiden, ob Sie aktiv werden wollen oder nicht.

... wenn ich dem Rost Einhalt gebieten will?

Immer im Frühling bemerkt man diese Altersflecken auf der Autohaut, gerne auch »Rost« genannt. Wenn dieser durch das Lackkleid an die Oberfläche bricht, muss gehandelt werden! Leider gibt es keine Soforthilfe à la »Auftupfen, einwirken lassen, wegwischen«. Die Therapie ist immer mühsam und zeitaufwändig.

Meistens geht ein Rostfleck von einer Karosseriebohrung aus, in der die Halterung einer Zierleiste oder eines Emblems steckt. Diese sind zu entfernen. Danach kommt das Entrosten mit der Schleifmaschine oder der Drahtrundbürste im schnell laufenden Akkubohrer. Dabei kommt es vor allem auf »porentiefes« und großflächiges Arbeiten an. Angst um den Lack muss man nicht haben, der ist ohnehin schon vom Rost zerstört. Wenn nur noch blankes Metall zu sehen ist, haben Sie alles richtig gemacht.

Anschließend wird diese Oberfläche mit Rostumwandler versiegelt und mit Zinkspray vor erneuter Korrosion geschützt. Dieses Spray sieht nicht nur so aus wie die übliche Grundierung, sondern kann auch deren Funktion erfüllen.

Was jetzt noch bleibt, ist der Neuaufbau der einst vorhandenen Lackschicht. Je nach Tiefe der Rostnarben muss zunächst gespachtelt und geschliffen werden, darauf kommt »Primer« (eine Art Grundierung) und ganz zum Schluss der Decklack. Der kann mit der Spraydose, bei Nicht-Metallic-Lacken aber auch mit der Schaumwalze aufgebracht werden. Das geht schneller und sieht oft besser aus als gesprüht.

... wenn ich meine Klimaanlage sinnvoll nutzen und warten will?

Geregeltes Klima im Auto ist schon lange kein Luxus mehr. Vier von fünf Autofahrern statten ihren Neuwagen mit einer Klimaanlage aus. Doch nicht alle Autofahrer nutzen sie optimal. Hier einige Tipps zum sinnvollen Einsatz der Klimaanlage:

☞ *Tipp 1: Klimaanlage kurz vor dem Ziel ausschalten.*
Weil die Klimaanlage nicht nur kühlt, sondern auch die Luft entfeuchtet, bildet sich auf dem Verdampfer Kondenswasser. Diese warme, feuchte Umgebung ist ein idealer Nährboden für Schimmelpilze und Bakterien. Damit sie sich gar nicht erst ansiedeln können, sollte man fünf Minuten vor Ende der Fahrt die Klimaanlage ausschalten. Der Fahrtwind sorgt dann dafür, dass die Komponenten der Anlage trocknen. Auf diese Art vermeidet man auch muffigen Geruch.

☞ *Tipp 2: Klimaanlage auch im Winter ab und zu einschalten.*
Man sollte nicht vergessen, die Klimaanlage auch in der kalten Jahreszeit regelmäßig (einmal pro Woche für mindestens zehn Minuten) einzuschalten. Sonst trocknen die Dichtungen aus und werden spröde, was undichte Schläuche und vorzeitigen Verschleiß nach sich zieht. Dazu sollte man sinnvollerweise Tage mit Temperaturen über 4 °C wählen, da unterhalb dieser Temperatur der Klimakompressor automatisch abschaltet. Zusätzlicher Nutzen: Die Luft im Innenraum des Autos wird trockener, die Scheiben beschlagen nicht mehr.

☞ *Tipp 3: Im Sommer auf angenehmes Klima achten.*
Sommerliche Temperaturen von 30 °C oder mehr führen bei langen Autofahrten schnell zur Erschöpfung des Fahrers. Die Folge: Längere Reaktionszeiten, die sich im Straßenverkehr negativ auswirken können. Damit man einen kühlen Kopf behält, trotzdem aber keinen Schnupfen riskiert, empfiehlt sich eine konstante Temperatur von 21 °C.

☞ *Tipp 4: Pollenfilter regelmäßig austauschen.*
Für Allergiker ist die Klimaanlage eine echte Erleichterung. Sie reinigt die Luft und beruhigt damit die Atemwege. Damit das so bleibt, sollten die Pollenfilter regelmäßig gewechselt werden.

☞ *Tipp 5: Klimaanlage regelmäßig warten.*
Klimaanlagen sollten etwa alle zwei Jahre gewartet werden, sonst drohen hohe Folgekosten. Dabei werden Dichtigkeit und Zustand der Filter überprüft. Ein Check kostet ab 20 Euro.

☞ *Tipp 6: Klimaanlage bewusst einsetzen.*
Ob im Sommer oder Winter, Klimaanlagen sollten immer nur dann eingesetzt werden, wenn ihre Leistung erforderlich ist. Denn ihre Nutzung bedeutet auch einen erhöhten Kraftstoffverbrauch. Mit etwa 10 Prozent mehr Benzin oder Diesel muss ein Autofahrer rechnen, wenn er seine Klimaanlage anschaltet.

Aufgemöbelt

Was kann ich eigentlich tun ...

... wenn ich den Dreck nicht aus den Polstern kriege?

Auf der Rückbank prangen Schokoflecken auf dem Velours, der undefinierbare Dreckrand im Fußraum ist auch kaum zu übersehen. Hier hilft der Griff zu Polsterschaum oder Teppichschnee zwar weiter, doch den Neuwagenlook stellen diese Drogeriemarktprodukte auch nicht wieder her.

Was macht der Profi in diesem Fall? Er greift zum Extraktionssprühsauger! Diese Kreuzung aus Staubsauger und Teppich-Shampoonierer kann man im Baumarkt mieten. Ein Wochenende kostet etwa 30 Euro, das angebotene teure Spezialreinigungsmittel kann man sich sparen und durch einen Universalreiniger aus dem eigenen Fundus ersetzen. Die Funktion dieses Gerätes leuchtet sofort ein: Unter leichtem Druck wird die Reinigungslösung aus dem Tank des Nasssaugers von einer Düse zunächst in den Flor des Teppichs oder Polsters gesprüht und dann mit sanfter Gewalt vom Saugrüssel wieder aufgesaugt. Dabei löst der Reiniger den Dreck von den Fasern ab, das Wasser spült nach, und der Luftstrom saugt alles weg.

Was sich hier recht kompliziert anhört, funktioniert in der Praxis verblüffend gut. Schon nach dem ersten Durchgang ist der Bodenteppich wieder als solcher zu erkennen, ehemals platt getretene Oberflächen haben auf einmal wieder Struktur.

Für diese Prozedur ist die gute Erreichbarkeit der verschmutzten Stellen wesentlich. Ideal wäre also der Ausbau der Sitzanlage, die sich außerhalb des Autos einfacher säubern lässt als im Innenraum. Wichtig: Vergessen Sie das Trocknen nicht, sonst fängt das Saubermachen gleich wieder von vorne an.

... wenn mein Sitzbezug durchgewetzt ist?

Der Besuch beim Autosattler liegt nahe, kostet aber ordentlich Geld. Selbst wenn man vorher einen passenden Originalsitzbezug als Ersatzteil beim Markenhändler ergattert hat, läppert sich durch Ein- und Ausbau des Sitzes und das Neubeziehen ein ansehnlicher dreistelliger Eurobetrag zusammen. Alternativen wie die zahlreich billig im Supermarkt angebotenen Schonbezüge in schmerzvollem Ethno-Design verbieten sich von selbst.

Besser ist ein Besuch einer Online-Teilebörse oder eines Auto- verwerters. Mit etwas Glück finden Sie dort einen Sitz, der aus einem Auto mit demselben Innendesign wie bei Ihrem Wagen stammt. Nehmen Sie aber den Beifahrersitz, denn der wurde in der Regel weniger benutzt und kann wie neu aussehen, sowohl was den Bezug als auch die Polster angeht. Allerdings gibt es Unter- schiede im Unterbau des Sitzes: Das Gurtschloss und die Sitzver- stellung sind auf der »falschen« Seite; man kann einen Beifahrer- sitz also nicht einfach auf der Fahrerseite einbauen.

Wenn man so einen Beifahrersitz zerlegt, hat man neben einem neuwertigen Originalbezug auch noch straffe Schaumpolster, mit denen man seinen durchgesessenen Fahrersitz regelrecht »aufmö- beln« kann. Auf diese Weise lernt man nebenbei gleich noch etwas über die Technik des Polsterns.

Sollte Ihnen dieses Vorhaben zu kompliziert erscheinen, kann der Umbau der Sitzinnereien natürlich auch durch einen Polsterer erledigt werden. Das ist zwar teurer als das Do-it-yourself-Ver- fahren, aber immer noch billiger als ein neuer Sitz. Und wenn er Hand anlegt, soll er gleich noch eine Sitzheizung einbauen. Wenn schon, denn schon!

... wenn meine Ledereinrichtung schimmelt?

Jeden Frühling aufs Neue verlassen Cabrios und Motorräder ihr Winterlager. Selbiges kann eine Tiefgarage, ein Carport auf Privat- grund oder eine Scheune sein – ganz so heimelig wie im Wohn-

zimmer ist das Klima dort aber nie. Temperatur- und Luftfeuchtig-keitsschwankungen suchen das Vehikel heim und hinterlassen Spuren. Anfällig für Stockflecken und Schimmelbefall sind insbe-sondere die Innenausstattungen, weil das Innere eines Autos fast wie ein Brutkasten wirken kann. Dazu bedarf es keiner hohen Tem-peraturen – eine unbewegte feuchte Atmosphäre reicht oft schon für die Entwicklung von Pilzen.

Ursache dafür sind eigentlich Milben, die nicht nur in unseren Matratzen und Federbetten, sondern eben auch in Autopolstern leben. Die Ausscheidungen dieser Milben sind ein idealer Nähr-boden für Schimmelpilzsporen und führen im Extremfall zur Zer-störung der gesamten Inneneinrichtung eines Autos.

Textilien sind davon besonders betroffen, Lederbezüge hingegen schimmeln fast nur oberflächlich. Hier helfen eine gründliche Rei-nigung des Leders mit Alkohol und eine anschließende Benetzung mit einer Mischung aus Essigessenz und Wasser.

Wer dem Leder zusätzlich etwas Gutes tun möchte, kann dies mit Sattelöl aus dem Reitsport-Fachgeschäft tun: Das macht das Leder weich und schützt vor erneutem Schimmelbefall. Die nächs-te Winterpause sollte dann mit einem Trocknungszylinder unter dem Sitz schimmelfrei zu überstehen sein!

... wenn ich meine Haube vor Steinschlag schützen will?

Split und kleine Steinchen wirken während der Fahrt wie ein Sandstrahlgebläse. Vor allem im Winter ist das fast nicht zu um-gehen. Nun könnte man auf die Idee kommen, die Nase seines Autos mit einem Steinschlagschutz vor diesen Angriffen zu schützen. Ähnliches gibt es seit Jahren in den USA. Dort dienen »Nose Cover« in erster Linie als Schutz vor den Insekten, die auf dem Lack zerplatzen. Diese Nylon-Abdeckungen werden mit Spanngurten an der Fahrzeugfront angebracht und finden vor-wiegend in Gegenden Verwendung, die trocken und warm sind. Dort kann kein Wasser und vor allem kein Split zwischen die

Kunststoffhaut des »Nose Cover« und die Karosserie geraten und dort schmirgelnd wirken.

Diese Art von Schutz ist in unseren Breiten also eher kontra-produktiv. Besser geeignet ist eine ordentliche Schicht Hartwachs, das am besten noch im Spätsommer aufgetragen wird. Sollte trotzdem ein Steinchen bis zum Blech durchschlagen und dessen Korrosion Tür und Tor öffnen, kann man die (hoffentlich schnell entdeckte) Schadstelle mit »Steinschlag-Pflastern« vom Auto-glaser kurzfristig wetterfest machen, bevor in der nächsten Schön-wetterphase der Lackierer ans Werk geht.

Es gibt aber noch einen anderen Trick, um die jungfräuliche Lackschicht Ihres Autos zu schützen: Lackfarbene oder transpa-rente Kunststoff-Folien, wie sie zum Bekleben von Taxis oder zum Anbringen von Werbung auf Autos verwendet werden. Spezia-lisierte Betriebe bekleben die dem Splitangriff besonders ausge-setzten Blechpartien mit einer Folie, die dem Lackkleid täuschend ähnlich sieht. Nach dem Winter wird sie wieder entfernt, und darunter glänzt alles wieder wie einst im Mai.

... wenn mein Auto was aufs Dach gekriegt hat?

Herabfallende Kastanien, Baumharz, Insektenausscheidungen (»Läusehonig«) oder ordinärer Vogelkot setzen dem Lackkleid eines Autos ganz schön zu. Im günstigsten Fall bleibt nur eine klebrige Schmiere zurück, im ungünstigeren ein verätzter Lack oder eine Beule. Klebriger Läusehonig ist noch am einfachsten wegzube-kommen: Ein Waschstraßenbesuch, und alles ist hinweggespült. Viel Wasser ist auch bei Vogelkot das Mittel der Wahl, und zwar möglichst schnell nach der Attacke des Flattermanns. Je länger man mit der Beseitigung wartet, desto besser kann sich nämlich das Zeug in den Lack ätzen. Im Ernstfall helfen der Lackierer von nebenan oder die »Lackdoktoren« mit der Mini-Spraypistole im Kofferraum, die Lackschäden fast unsichtbar machen können.

Ganz anders verhält es sich beim Baumharz: Es sieht honiggelb aus und ist ungefähr so hartnäckig wie Pattex. Hier hilft nur eine chemische Keule besonderer Art: Baumharzentferner! Aufsprühen, einwirken lassen, abwischen, fertig!

Und was unternimmt man gegen die Kastanien, die aus zehn Metern Höhe Ihrem Auto aufs Dach fallen? Wer zum Karosseriebauer gehen will, ist von gestern. Seit einiger Zeit gibt es eine minimalinvasive Art, kleine Dellen im Blech mit speziellen Werkzeugen »herauszumassieren«. Dabei bearbeiten gut trainierte Fachleute mit einem skurril aussehenden Instrumentensatz aus Hebeln, Haken und Ösen und speziellen Beleuchtungskörpern in ruhiger Umgebung die Rückseite der Dellen, bis diese verschwunden sind. Voodoo!! Das Verfahren stammt aus Amerika und heißt »Fix-a-Dent« (übersetzt etwa »Beule-weg«) und ist insbesondere durch die Versicherungsbranche mittlerweile auch bei uns bekannt und anerkannt. Je nach Lage der Dellen kostet die Entfernung von drei Minibeulen ab 120 Euro.

... wenn ich die Kunststoffteile an meinem Auto auffrischen will?

Frühjahrsputz: Schlange an der Waschanlage! Nach dem vollen Programm glänzt der Lack und funkeln die Scheiben – aber die Kunststoffstoßstangen und -schutzleisten sind grau und rissig und sehen ganz schön alt aus. Kein schöner Anblick. Was da hilft? Vergessen Sie Hausmittel wie altes Motoröl oder Schuhcreme, da holen sich Ihre Nachbarn nur Schmierflecken an den Hosenbeinen.

Besser eignet sich schwarze oder graue Farbe (sollte sie leicht eingetrocknet sein, braucht man nur ein wenig Nitro-Verdünnung). Zum Auftragen nimmt man einen Lappen, Gummihandschuhe sind dabei empfehlenswert. Die Farbe sollte etwa so flüssig sein wie Milch.

Vor dem Auftragen der Farbe sollten Teile wie Nummernschilder und Blinker ausgebaut werden. Weiter geht es mit einer gründlichen Reinigung der Kunststoffteile, die Sie anschließend gut trocknen lassen.

Spätestens jetzt sollten Sie die Gummihandschuhe überziehen. Nachdem Sie den Lappen mit der verdünnten Farbe getränkt haben, wird diese mit kreisenden Bewegungen auf die Kunststoffteile aufgetragen. Dabei ruhig etwas fester aufdrücken und polieren, bis eine gleichmäßig gefärbte Oberfläche entstanden ist. Dann müssen Sie das Ganze einfach nur trocknen lassen. Die Struktur des Kunststoffs bleibt bei der Behandlung erhalten.

Diese Behandlung ist erstaunlich dauerhaft und hält auch Waschanlagenbesuchen problemlos stand. Selbstverständlich funktioniert dieses Verfahren auch mit anderen Farbtönen als Grau und Schwarz. Zur Sicherheit empfiehlt sich allerdings immer ein vorheriger Farbtest an einer unauffälligen Stelle.

... wenn ich Kratzer im Lack entdecke?

Sie können zum Lackierer Ihres Vertrauens gehen, der macht das Malheur für etwa 250 Euro ungeschehen. Allerdings wird hier gefillert und geschliffen und neu lackiert – das ganze Programm eben.

Deutlich weniger aufwändig und entsprechend billiger sind die »Lackdoktoren«, die mit einem kofferraumgroßen Lacklabor auf Wunsch sogar zu Ihnen nach Hause kommen. Darin befindet sich eine komplette Airbrush-Anlage, mit deren Hilfe kleine Lackschäden unsichtbar gemacht werden. Für die klassische Parkplatzschramme werden ein bis zwei Stunden angesetzt und 100 bis 120 Euro berechnet. Hausbesuche kosten (bei gutem Wetter) nur ein paar Euro mehr. Und wie funktioniert das? Die Schrammen werden ausgeschliffen, gespachtelt und lackiert. Der Farbton wird vor Ort hergestellt, mit Hilfe Hunderter von Farbcodes, Feinwaage sowie 54 Grundfarben, aus denen jeder Serienlack angemischt werden kann. Als Information braucht der Lackdoktor dazu nur den Farbcode Ihres Autos, der irgendwo im Wagen auf einem Aufkleber steht. Es werden nur einige Gramm Lack benötigt, das hält die Kosten im Zaum.

Nach dem Farbauftrag muss der Lack ein paar Tage trocknen, dann kann er poliert werden. In aller Regel spricht das Ergebnis für sich: Keine hässlichen Pinselspuren wie beim guten alten Tupf-Lack. Allerdings sind minimale Farbabweichungen möglich. In den meisten Fällen findet man die ausgebesserte Stelle jedoch mit bloßem Auge nicht wieder. Übrigens: Am besten lässt sich Schwarz ausbessern, denn Schwarz ist halt immer Schwarz!

... wenn ich nach dem Winter meine Alufelgen putzen will?

Einfach nur saubermachen ist trivial: Man fährt zur nächsten Waschstraße, kauft eine Waschmünze und versucht mit Gefühl und viel Druck in der Sprühlanze, den Dreck aus Fugen und Falzen zu schwemmen. Bei leichteren Fällen ist das ausreichend, für die Wattestäbchen-Fraktion kann diese Vorgehensweise nur eine Vorstufe sein. Außerdem haben sich die schicken Felgen neben Schmutz auch so manche Schramme durch Bordsteinrempler eingefangen, die unbehandelt zu hässlichen Aufblühungen durch Korrosion des Leichtmetalls führen kann.

Für den »Wie neu«-Look ist daher folgende Prozedur empfehlenswert: Nach der Grundreinigung müssen die Reifen abgezogen werden. Die nackten Felgen kann man im Geschirrspüler mit einer kleinen (!) Dosis Reiniger bei niedrigster Wassertemperatur porentief rein bekommen. Wenn Sie diesen Trick anwenden, handeln Sie allerdings auf eigene Gefahr! (Wir möchten nicht für einen handfesten Ehekrach oder für Probleme bei der anschließenden Reinigung des Tafelporzellans verantwortlich gemacht werden.) Die Methode funktioniert aber perfekt!

Anschließend kommen die blitzsauberen Felgen auf eine bequem erreichbare und gut beleuchtete Arbeitsfläche. Hier kann nach kleinen Beschädigungen der Felgenhörner und Lackabplatzern gesucht werden. Schadstellen müssen gefühlvoll mit Schmirgelleinen gesäubert und schließlich mit Klarlack versiegelt werden. Das Ergebnis dürfte Sie mit allen Mühen versöhnen.

... wenn ich meine Standheizung fernsteuern will?

Eine Standheizung sorgt selbst nach klirrend kalter Nacht für Bett-zipfeltemperaturen im Auto, und zwar schon vor dem Motorstart! Die Vor- und Nachteile dieses Komfortextras sind in Prospekten und Autotests schon hinlänglich beschrieben worden. Was bleibt also noch zu erklären? Die Idee mit der Fernbedienung! Man sitzt am Küchentisch, schaut auf die Uhr und sagt sich: »In zwanzig Mi-nuten muss ich los, die Heizung sollte am besten jetzt starten!« Aber jetzt umständlich Jacke und Schuhe anziehen und raus in die Kälte? Rufen Sie Ihre Standheizung doch einfach an! Der Tipp ist zwar nur für Extrem-Bastler gedacht, aber vielleicht kennen die anderen ja jemanden, der wiederum jemanden kennt, der sich damit auskennt ...

Also: Man nehme ein altes Handy, eine dazu passende Frei-sprecheinrichtung mit Radio-Stummschaltung (wichtig!) und einen Timer aus dem Elektronik-Bastelladen. In das Handy kommt eine Prepaid-Karte (da es ohnehin nur angerufen wird), die Frei-sprecheinrichtung wird an einer passenden Stelle im Auto (gerne unsichtbar) eingebaut und die Radio-Stummschaltungsleitung mit dem Timer verbunden. Der Timer steuert die Standheizung an, und zwar beim ersten Klingeln des von Ihnen angerufenen Handys. Später schaltet er sie auch wieder ab, wenn er entsprechend ein-gestellt ist. Wenn man das Handy auf »automatische Rufannah-me« gestellt hat, kann man sogar telefonisch dabei sein, wenn die Heizung anspringt. Faszinierend, nicht wahr? Oder ist Ihnen das zu kompliziert? Dann vergessen Sie die Sache einfach wieder ...

... wenn ich Zusatzscheinwerfer montieren möchte?

Das Angebot an Zusatzscheinwerfern ist unüberschaubar. Voraus-setzung für ihre legale Verwendung in der EU ist eine ECE-Be-zeichnung auf dem Scheinwerferglas (ECE = Economic Commis-

sion for Europe). Die Bezeichnung besteht aus einem E sowie einer Zahl, die das Land kenntlich macht, in dem der Scheinwerfer seine Genehmigung erhalten hat. Die 1 kennzeichnet zum Beispiel Deutschland, die 4 steht für Holland und die 5 für Schweden.

Neben der Bauart gibt es auch Vorschriften für die Montage und den Betrieb der Scheinwerfer. Nebelscheinwerfer dürfen beispielsweise nicht höher montiert sein als die Hauptscheinwerfer und höchstens 40 cm vom Fahrzeugrand entfernt sitzen. Benutzt werden darf das Nebellicht nur zusammen mit dem Stand- oder dem Abblendlicht im Rahmen der Vorschriften der StVO. In Deutschland ist die Benutzung der Nebellampen zusammen mit dem Fernlicht verboten. Dafür dürfen auf Nebelscheinwerfern Abdeckkappen sitzen, die während der nebelarmen Zeit Steinschlagschäden verhindern.

Fernscheinwerfer müssen ohne diesen Schutz auskommen, dürfen dafür aber beliebig hoch montiert sein, also auch auf dem Fahrzeugdach. Maximal vier Stück sind erlaubt.

Alle am Fahrzeug montierten Fernscheinwerfer dürfen eine zulässige Gesamtlichtstärke nicht überschreiten. Das kann durch Referenzzahlen kontrolliert werden, die auf den Scheinwerfern rechts neben dem ECE-Prüfzeichen zu finden sind. Je höher die Referenzzahl, desto heller das abgestrahlte Licht. Die Summe aller Fernlicht-Referenzzahlen darf maximal 75 betragen. Zwei gebräuchliche Werte sind bei handelsüblichen Modellen 37,5 und 17,5.

... wenn ich meine Scheinwerfer tunen will?

Sie würden die Fahrbahn nachts gerne mit Xenonlicht erhellen? Für manche Autos gibt es Xenon-Umrüstsätze, die die Entladungslampen mit im Paket haben. Einige dieser Umrüstsätze sind zugelassen, viele andere aber auch nicht. Das ist meistens schon am Preis zu erkennen: Kostet ein Aufrüst-Kit nur die Hälfte der Summe, die ein Markenausrüster verlangt, ist für den (nach jedem Umbau vorgeschriebenen) Besuch beim TÜV nichts Gutes zu erwarten.

Eine Alternative sind Halogenlampen mit 100 oder gar 150 Watt, die entsprechend heller leuchten. Diese Lampen kommen häufig aus dem Luftfahrtbereich und reißen die Nacht richtig auf ... bis der Lichtschalter glutflüssig abgetropft ist und seine Funktion einstellt. Die zwei- bis dreifache Leistung lässt am Schalter nämlich auch den zwei- bis dreifachen Strom fließen, für den er eben nicht ausgelegt ist. Aber selbst eine Schaltung der Powerlampen über ein Relais würde nicht lange gutgehen: In Deutschland ist die maximale Leistung der Scheinwerfer nämlich auf 55 W begrenzt, alles darüber ist verboten. Wer diese Strahlemänner einbaut, fährt ohne Betriebserlaubnis und damit ohne Versicherung.

Der einzig erfolgversprechende Weg zu mehr Licht ohne die teuren Xenon-Lampen ist eine sorgfältige Reinigung der Streuscheibe und eventuell des Scheinwerferspiegels. Gründlich gereinigte (oder auch gänzlich erneuerte!) Scheinwerfer strahlen mit Premium-Lampen von Philips, Osram oder Hella fast immer deutlich heller als vorher.

... wenn ich mein Auto billig »chippen« will?

20 PS mehr, online für nur 30 Euro! Klasse! Aber was wird mit diesen Chips eigentlich getunt?

Unter dem Strich sorgt lediglich ein mehr oder weniger effektvoll verpackter Widerstand für einen Spannungsabfall in der Signalleitung zwischen Luftmengenmesser (LMM) und Motorsteuerung und damit für eine Anfettung des Gemischs. Was früher mit einer größeren Hauptdüse erreicht wurde, wird heute also einfach elektronisch simuliert. Was macht der Luftmengenmesser im Motor? Er misst die Temperatur der angesaugten Luft und übermittelt das Ergebnis der Messung als elektrisches Signal, aus dem die Dichte der angesaugten Luft und damit deren Sauerstoffgehalt ermittelt wird. Das ist entscheidend für die Berechnung der eingespritzten Kraftstoffmenge. Dem Steuergerät wird nun mit diesem

Chip eine geringere Temperatur der Ansaugluft, also eine höhere Dichte vorgegaukelt. Daraufhin wird entsprechend mehr Kraftstoff in den Brennraum eingespritzt, das Gemisch wird fetter.

All das liefert in der Tat minimal mehr Motorleistung als die normale, lambdageregelte stöchiometrische Verbrennung. Spätestens hier endet der legale Bereich, weil diese Manipulation die Abgaswerte drastisch verschlechtert. Ja und? Und verschafft einem das Ganze denn nun wirklich mehr Power? Vermutlich wird man im unteren und mittleren Drehzahlbereich ein besseres Ansprechverhalten bemerken, die Höchstgeschwindigkeit wird sich dagegen kaum verändern. Aber 20 PS sind eben 20 PS, und bei dem Preis ...

Umweltengel

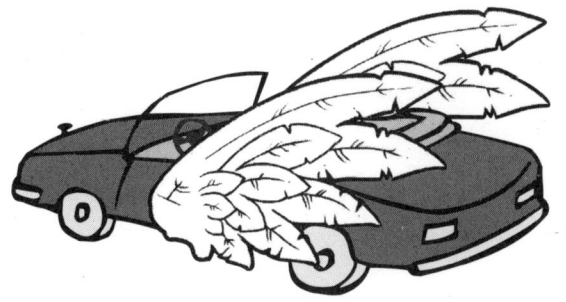

Was kann ich eigentlich tun ...

... wenn mein Auto bei der AU durchfällt?

Fragen Sie nach, warum! Die Abgasspezialisten sind aufgrund ihrer jahrelangen Erfahrung sehr diagnosesicher. Die Mitarbeiter der großen Prüfstellen sind dabei tendenziell etwas neutraler, weil dort keine Reparaturen durchgeführt werden.

Als Durchfallgrund kommt neben diversen Sensoren und normalen Defekten an Motor und Zündung leider auch der Katalysator selbst in Frage. Bei älteren Autos kann der Kat durch unsanfte Aufsetzer oder Überhitzung zerbröselt und aus dem Rohr geblasen worden sein. Die Abgasreinigungswirkung ist dann natürlich gleich null. Ohne ein teures Ersatzteil geht es in diesen Fällen leider nicht. Was bleibt, ist die Qual der Wahl bei der Bezugsquelle. Am einfachsten ist der Kauf eines Ersatzteils beim Autohersteller. Diese Variante ist beinahe immer die teuerste und oft die schlechtere. Meist gibt es Ersatzkatalysatoren im freien Zubehörhandel, die deutlich billiger sind. Neben Identteilen, die vom gleichen Produzenten stammen wie die Originalersatzteile mit der Verpackung des Autoherstellers, gibt es Zulieferer, die sowohl chemisch als auch mechanisch bessere Qualität bieten. Der allgemeine Kostendruck lässt auch bei Originalteilen oft keine Spitzenqualität zu, obwohl der Kunde entsprechende Preise bezahlen muss. Durch den Einbau eines neuen Aufrüst-Kats (zum Beispiel von TwinTec oder HJS) kann man eine bessere Schadstoffklasse erreichen. Achten Sie beim Ersatzteilkauf auch auf das Trägermaterial des Kats: Es gibt stoßempfindliche Keramikträger und wesentlich widerstandsfähigere Metallträger für die katalytische Beschichtung. Welche länger halten, erklärt sich wohl von selbst.

... wenn mein auf Autogas umgerüstetes Auto Fehlermeldungen signalisiert?

Selbst ab Werk mit einer Autogas-(LPG-)Anlage ausgerüstete Autos sind immer »nachgerüstet«. Am Fließband bzw. am Zeichenbrett wird bislang noch kein Auto für den Betrieb mit der kostengünstigen Alternative zu Benzin und Diesel ausgestattet. In der Praxis heißt das, dass dem Motor eine komplette zweite Kraftstoffaufbereitungsanlage implantiert wird, parallel zur ab Werk für Benzin vorhandenen. Deshalb ist die »Benzinsteuerung« immer teilweise in Betrieb, auch wenn der Fahrer mit LPG fährt. Die Gasanlage hat mit dem serienmäßigen Motormanagement jedoch nur wenige Berührungspunkte, die den Bereich Schadstoffminimierung betreffen. Beim Betrieb mit Autogas sind viele Parameter anders als im Benzinbetrieb, was die serienmäßige Steuerung natürlich nicht weiß. Sobald eine entsprechende Abweichung auftritt, leuchtet darum die Motorkontroll-Leuchte auf. Die Meldungen im Fehlerspeicher, die damit signalisiert werden, beziehen sich allerdings immer auf den Benzinbetrieb. Eine Diagnose, ob die Fehlermeldung für LPG also wirklich relevant ist oder nicht, kann nur eine mit der LPG-Technik vertraute Werkstatt stellen.

Generell ist eine gute LPG-Werkstatt wichtiger als der Hersteller oder der Einbaupreis der Anlage. Zunehmend kommen aber auch Hersteller und Importeure auf den Markt, die ihre Autos ab Händler mit LPG-Anlagen verkaufen und deren Niederlassungen über viel Know-how auf diesem Gebiet verfügen. Die leuchtende Motorkontrolle dürfte also wenigstens bei diesen Marken bald der Vergangenheit angehören.

... wenn ich meinen Benzin-Direkteinspritzer mit Autogas fahren will?

Bei Benzin-Direkteinspritzern wird der Kraftstoff nicht ins Saugrohr, sondern direkt in den Verbrennungsraum gespritzt. Mit Hilfe des Motormanagements wird dabei eine Ladungsschichtung des

Kraftstoff-Luft-Gemisches im Brennraum erreicht, die im Teillast-bereich den Wirkungsgrad erhöht.

Wer nun überlegt, die sparsame Verbrennung durch die Ver-wendung von Autogas weiter zu optimieren, stößt jedoch an Grenzen. Vereinfacht dargestellt, ist eine Umrüstung auf Autogas umso einfacher, je älter das Auto ist. Ein Vergasermotor kommt mit einer Einblasdüse pro Vergaser aus. Einspritzmotoren benöti-gen ein sequentielles System, bei dem mehrere Düsen für die Fül-lung der Brennräume mit dem Benzinersatz zuständig sind. Bei Motoren mit katalytischer Abgasreinigung, Lambdasonde und dem passenden Motormanagement wird zusätzlich eine zweite Black Box nötig, die das Gemisch im Gasbetrieb im Lambda-Fenster hält. Es muss also ein beachtlicher Aufwand getrieben werden, um ein zweites Kraftstoff-Versorgungssystem mit der Motorelektronik zu vernetzen.

Für direkt einspritzende Benzinmotoren kommt bei der Umrü-stung noch ein weiterer Parameter hinzu: Während im Normalfall das Autogas fast drucklos in den Ansaugkanal eingeblasen wird, müsste beim Direkteinspritzer der im Brennraum vorhandene Druck überwunden werden, um das Gas zu »injizieren«. Genau hier liegt im Moment noch das Problem: Autogas kann nicht wie Benzin rechnergestützt eingespritzt werden, die Schichtladung ist darum nicht darstellbar.

... wenn ich Pflanzenöl tanken will?

Zuerst müssen Sie prüfen, was für eine Einspritzpumpe unter der Motorhaube Ihres Diesels sitzt. Über den Daumen gepeilt gilt: Je älter, desto besser geeignet! Ohne Wenn und Aber funktionieren Reiheneinspritzpumpen, wie sie Mercedes bis Mitte der 90er Jahre gebaut hat. Eingeschränkt brauchbar sind Verteilereinspritz-pumpen à la VW TDI. Nur schwierig bis gar nicht auf den PÖL (= Pflanzenöl)-Betrieb adaptierbar sind moderne Common-Rail-Motoren.

Die größten Schwierigkeiten im Betrieb entstehen durch die

Viskosität des Bio-Treibstoffes: Ohne Veresterung (die das Pflanzenöl zum dünnflüssigeren Biodiesel macht) ist der Pflanzensaft bei Kälte so zähflüssig, dass er zunächst erwärmt werden muss. Erst dann ist PÖL dünnflüssig genug, um zum Motor gepumpt werden zu können. Um dieses Problem zu entschärfen, wird mit Tankheizungen, dickeren Kraftstoffleitungen und Diesel-Beimischungen gearbeitet. TDI-Piloten benutzen außerdem »Zwei-Tank-Lösungen«, bei denen ein kleiner Zusatztank mit Diesel zum Starten des Motors verwendet wird. Erst nach Erwärmung des Triebwerkes wird auf Pflanzenöl umgestellt. Kurz vor dem Abstellen des Motors muss jedoch wieder auf Diesel zurückgeschaltet werden, um das Kraftstoffsystem für den nächsten Kaltstart fit zu machen. Zusätzlich kommen andere Einspritzdüsen sowie eine Optimierung der Einstelldaten für die Einspritzung in Frage.

Wenn der Motor PÖL akzeptiert, kann gespart werden: Immerhin kostet der Liter Pflanzenöl im Supermarkt etwa 10 bis 20 Cent weniger als Dieselkraftstoff, das spart pro Tankfüllung schnell 5 bis 10 Euro.

... wenn ich Bioethanol tanken möchte?

Ethanol ist ein aus Zuckerrüben, Mais oder anderen »Energiepflanzen« gewonnener Kraftstoff – im Grunde nichts anderes als der Alkohol, der Otto Normalverbraucher als »Spiritus« geläufig ist. Vor gar nicht allzu langer Zeit rieten alte Fahrensmänner sogar zur Beigabe von Spiritus, wenn Verdacht auf Wasser im Benzin bestand. Im Gegensatz zu Benzin mischt sich Spiritus nämlich mit Wasser und nimmt dieses dann über die Gemischaufbereitung mit ins Abgasrohr.

Ethanol ist also grundsätzlich als Futter für Verbrennungsmotoren geeignet, in Schweden und Südamerika ist es als Kraftstoff gang und gäbe. Es hat sogar eine deutlich höhere Oktanzahl, also eine höhere Klopffestigkeit als übliches Benzin, was bei entsprechender Auslegung des Motors höhere Leistungen ermöglicht.

Triebfeder für solche Experimente dürfte einerseits das grüne Gewissen sein, schließlich erhöht die Ethanolbeimischung den Anteil erneuerbarer Energieträger am Kraftstoff. Andererseits ist da natürlich der verständliche Wunsch nach einer Senkung der Spritkosten. Der Preis für Bioethanol E85 liegt bei 98 Cent pro Liter. Durch den etwa 25 Prozent geringeren Energiegehalt (und dem daraus resultierenden Mehrverbrauch) entspricht das einem Benzinpreis von etwa 1,20 bis 1,30 Euro. Als E85 bezeichnet man ein Gemisch aus 85 Prozent Ethanol mit 15 Prozent Benzin, bei E50 handelt es sich um ein 50:50-Gemisch.

Kritisch ist allein die Aggressivität von Ethanol. Je höher sein Anteil im Kraftstoff ist, desto eher ist mit Problemen zu rechnen: Reines Ethanol (E100) reagiert mit Gummi sowie fast allen Kunststoffen, lässt sie aufquellen und schließlich undicht werden. Außerdem löst es Farbschichten an und wirkt durch seinen hohen Wasseranteil korrosiv auf Stahl und Aluminium. Wer keines der aktuell auf den Markt kommenden »Flexi-Fuel-Vehicles« mit speziell auf den Ethanolbetrieb vorbereiteten Kraftstoffanlagen hat, sollte sich geistig also schon mal auf einige Störungen des Fahrbetriebes einstellen.

Zwar sind diese Probleme mit kleineren Umbaumaßnahmen (ähnlich wie die Anpassung eines Selbstzünders auf den Betrieb mit Biodiesel) in den Griff zu bekommen. Mit Ethanol sollte ein normaler Ottomotor jedoch nicht maximal belastet werden, weil die Auslassventile durch die höhere Brennraumtemperatur thermisch höher belastet werden und schneller »einschlagen«.

Wer E85 ausprobieren möchte, sollte ein möglichst altes Auto fahren und den Ethanolanteil nicht über 40 Prozent hinausgehen lassen. Ein 40-Liter-Tank müsste also mit knapp 19 Litern E85 und gut 21 Litern Benzin gefüllt werden. Das macht dann immerhin etwa zehn Euro weniger als eine Tankfüllung mit Super.

Ob unter dem Strich eine Ersparnis übrigbleibt, kann jeder selbst ausrechnen: Zur Beurteilung muss dazu die Einheit »l/km« in »Euro/km« getauscht werden, um den ethanolbedingten Mehrverbrauch einzubeziehen.

Die bis vor kurzem in Deutschland geplante Beimischung von

10 Prozent Ethanol im Kraftstoff (E10) ist inzwischen wieder zu den Akten gelegt worden. Es gab und gibt kaum einen Autohersteller, der eine störungsfreie Funktion des Motors bis zu einem Anteil von 10 % Ethanol garantieren wollte. Außerdem kristallisierte sich sehr schnell eine unnatürliche Konkurrenz zwischen der Kraftstoff- und der Lebensmittelkonstruktion heraus, die politisch nicht gewollt war.

... wenn ich mein Auto mit einem Dieselrußfilter nachrüsten möchte?

Nach endlosem Gezerre um Grenzwerte und Kosten hat die Bundesregierung am 9. März 2007 endlich ein Gesetz verabschiedet, das die Details einer Förderung von nachgerüsteten Partikelfiltern regelt. Die Nachrüstung wird einmalig mit 330 Euro gefördert, und zwar rückwirkend ab Januar 2006 bis Ende 2009. Für Diesel-Fahrzeuge, die ab dem 1.4.2007 keinen Filter haben, werden bis zum 31.3.2011 1,20 Euro pro 100 ccm Hubraum Zuschlag zur Kfz-Steuer fällig. Wer seinen filterlosen Diesel nicht nachrüstet, zahlt also noch mehr Kfz-Steuern als bisher.

Obwohl die Filtertechnik heute technisch beherrschbar ist, legt man nachrüstwilligen Autofahrern reichlich Steine in den Weg. Theoretisch würde der Gang in die nächste Werkstatt reichen – wenn dort ein Nachrüstrußfilter auf Lager ist, könnte er in die Abgasanlage des Autos eingebaut werden, und sofort würde der Diesel etwa 80 Prozent weniger der ultrafeinen Feinstaubartikel emittieren. Doch dafür ist das deutsche Zulassungsrecht zu kompliziert: Ist ein Auto einmal in den Verkehr gebracht, muss aus Haftungsgründen jede Veränderung technisch begutachtet und in die Betriebserlaubnis aufgenommen werden. Diese Aufgabe kann der Hersteller übernehmen oder ein Gutachter (zum Beispiel TÜV oder DEKRA). Für jedes Modell einer Baureihe müsste also ein separates, sehr teures Abgasgutachten erstellt werden – im Zeitalter der Plattform-Baureihen ein völlig unverständlicher Anachronismus! Ein identischer Dieselmotor mit nachgerüstetem

Partikelfilter stößt im Audi A3 wohl kaum mehr Partikel aus als im Golf oder Skoda Octavia.

Die Hersteller wollen natürlich für längst nicht mehr lieferbare Modelle keine teuren Abgasgutachten bezahlen. Und die Zulieferer beschränken sich auf Baumuster, von denen mindestens noch 50.000 identische Fahrzeuge im Verkehr sind, um die hohen Kosten für die Gutachten wieder einspielen zu können.

TwinTec oder HJS bieten eine relativ große Palette an Nachrüstfiltern für die meisten Modelle. Wer jedoch ein eher selten gebautes Dieselfahrzeug besitzt, wird bis auf weiteres kein Nachrüstangebot finden.

... wenn trotz Rußfilter meine Kfz-Steuer erhöht wird?

Es gibt »ältere« Autos, die serienmäßig mit einem Rußpartikelfilter ausgerüstet sind. Meist handelt es sich dabei um französische Fahrzeuge, die den FAP-Boom 2002 losgetreten haben. Nach zähem Ringen hat der deutsche Fiskus vor einiger Zeit die Regeln für Rußfilter »reformiert«. Durch einen Steuerbonus auf der einen Seite (für nachgerüstete Rußfilter) und einen Steuermalus auf der anderen (für Filtermuffel) soll die Nachrüstungsquote in die Höhe getrieben werden. Wer vorausschauend die erste sich bietende Gelegenheit nutzte und schon 2003 einen Wagen mit neuester Filtertechnologie anschaffte, bekommt zwar nicht die 330 Euro »Nachrüstprämie«, muss aber auch nicht 1,20 Euro/100 ccm Hubraum Dieselstrafsteuer berappen.

Wirklich nicht? Tatsächlich wurden an Besitzer von Dieselautos mit serienmäßigem Partikelfilter Steuerbescheide verschickt, in denen die höhere Kfz-Steuer für filterlose Diesel verlangt wurde. Der Grund dafür lag im Schlüsselnummernsystem des Kraftfahrt-Bundesamtes: Als die ersten Rußpartikelfilter auf den Markt kamen, gab es noch keine entsprechende Schlüsselnummer im Fahrzeugbrief. In der Praxis sind darum heute filterlose Selbstzünder genau so geschlüsselt wie früh nachgerüstete Autos. Letztere sind

für die Finanzbürokraten also nicht von den Luftverschmutzern zu unterscheiden.

Abhilfe schafft nach Auskunft des Finanzamtes eine Herstellerbescheinigung, mit deren Angaben der Filter nachträglich in die Papiere des Fahrzeuges eingetragen wird. Natürlich gegen Gebühr ...

... wenn mein Rußfilter verstopft ist?

Das geschlossene System ist dicht – sagt jedenfalls das Signallämpchen ... Die Autoindustrie versucht, dieses Grundproblem jeder Filterung durch komplexe Technik zu beherrschen. Der sogenannte Filterkuchen (also die stetig wachsende Ansammlung der zurückgehaltenen Partikel) soll durch eine vorübergehende Erhöhung der Abgastemperatur abgebrannt und dabei in CO_2 umgewandelt werden.

Das hat bei den ersten Partikelfiltern auch sehr schön funktioniert, allerdings wurde damals noch mit Additiven gearbeitet, die für erhöhte Temperaturen im Abgasstrang sorgten und regelmäßig erneuert werden mussten. Neuerdings wird diese Temperaturerhöhung durch die Motorelektronik und »Nacheinspritzungen« erreicht, unterstützt durch Phasen schärferer Gangart auf der Autobahn. Das ist natürlich viel ingeniöser und geschieht angeblich völlig wartungsfrei und automatisch. Sollte das einmal nicht der Fall sein, meldet sich das Lämpchen, und die Bedienungsanleitung rät: Mindestens zehn Minuten lang auf freier Strecke mit mehr als 60 km/h fahren. Was sich hier etwas kryptisch anhört, beschreibt die Werkstatt ungefähr so: »Fahren Sie mal ein Stück mit Vollgas über die Autobahn!«

Nun hat nicht jeder Zeit für solche Parforce-Ritte, und vielleicht scheut man auch die Umweltbelastung. Was also tut der Fachmann? Er greift zur Lötlampe und brennt den Ruß manuell aus dem Filter, genauso wie damals die Ölkohle aus dem Mopedauspuff! Sind die offenen Systeme nicht doch die besseren ...?

... wenn ich eine Umweltzonenplakette haben will?

Am einfachsten ist ein Besuch im Netz bei *www.gtue.de* oder *www.vcd.org*. Da gibt es »Plakettenrechner«, die nach Eingabe der Schadstoffschlüsselnummer berechnen, welche der drei möglichen Plaketten das Auto bekommt. Wo die entsprechende Zahlenkombination auf dem Fahrzeugschein oder der Zulassungsbescheinigung Teil 1 zu finden ist, wird dort ebenfalls erklärt. In vielen Fällen wird auf dem Bildschirm die Mitteilung »Für Ihr Fahrzeug XY ist keine Plakette erhältlich!« erscheinen. Dann handelt es sich entweder um ein altes Schätzchen ohne Schadstoffminimierung oder um ein Auto mit G-Kat, dessen Schlüsselnummer nicht in der Liste der plakettenberechtigten Modelle enthalten ist. Das heißt aber nicht, dass Sie und Ihr Auto nicht mehr zum Shoppen in die City fahren dürfen! Die Schlüsselnummern vieler Autos, die mit frühen geregelten Katalysatoren (US-Kats, nachgerüstete Drei-Wege-Kats etc.) ausgerüstet sind, sind längst durch andere ersetzt worden und tauchen deshalb nicht in der Liste auf. Um das zu ändern, gibt es mehrere Möglichkeiten: Entweder besorgt man sich für sein Auto eins der KLR(=Kaltlaufregler)-Kits, die die Schadstoffe (und damit auch die Kfz-Steuer) minimieren. Oder man fragt beim Fahrzeughersteller nach einer Umschlüsselung, die beim Kraftverkehrsamt zur Veränderung der Schlüsselnummer in den Papieren benötigt wird.

... wenn ich trotz G-Kat keine Umweltzonenplakette bekomme?

Seit dem 1.01.2008 geht es ohne Feinstaubplakette nicht mehr in die Innenstadt. Wer ein Auto mit diesem Problem hat und die Hängepartie nervlich nicht länger durchhält, kann mit Hilfe eines Kaltlaufreglers eine andere, plakettentaugliche Schlüsselnummer erreichen. Oder er kann sein Auto verkaufen und eins mit passendem Zahlenwerk erwerben. Oder eine hoffentlich wohlbegründete

Ausnahmegenehmigung beantragen (die er natürlich auch im Falle einer Ablehnung bezahlen müsste!). Wirklich nicht legal wäre es, mit Hilfe des Internets und einem Foliendrucker in die Plaketten-herstellung einzusteigen. Vielleicht findet man ja eine Werkstatt, die sich bei der Zuteilung der Plakette einfach mal irrt. Auch das soll es geben. Kein Wunder, bei der Faktenlage ...

Der Amtsschimmel

Was kann ich eigentlich tun ...

... wenn ich meinen Fahrzeugbrief verloren habe?

In vielen Fällen hilft Suchen! Häufig fällt das Fehlen des Kfz-Briefes erst unmittelbar vor dem Verkauf eines Autos auf. Vorher war das Dokument jahrelang kein Thema. Gelocht und abgeheftet fristet die Geburtsurkunde des Autos ihr Dasein in einem Ordner – nur in welchem?

Sollte der Ordner, etwa nach einem Umzug (oder mehreren!), nicht mehr auffindbar sein, bleibt leider nur der Besuch der Zulassungsstelle. Dort muss der Halter des Autos mit seinem Personalausweis oder Pass, dem Fahrzeugschein, einer aktuellen AU-Bescheinigung und dem letzten Prüfbericht der Hauptuntersuchung sowie einer vorher angefertigten Verlusterklärung persönlich vorsprechen. Dies ist erforderlich, weil bei Verlust des Fahrzeugbriefes der Fahrzeughalter immer eine Versicherung an Eides statt abgeben muss. Wenn alle benötigten Unterlagen vorliegen, kann die Zulassungsstelle einen Ersatzfahrzeugbrief ausstellen. Bevor dieser dem Fahrzeughalter ausgehändigt werden darf, wird der verlorene Brief »aufgeboten«. Dazu wird er an das Kraftfahrt-Bundesamt in Flensburg gemeldet und im Verkehrsblatt veröffentlicht. Dadurch kann jeder, der eventuell einen Brief besitzt (zum Beispiel Banken, Leasinggesellschaften, Händler etc.), innerhalb von vierzehn Tagen Einwände gegen die Aushändigung des Ersatzbriefes erheben. Das komplette Aufbietungsverfahren dauert etwa acht Wochen, manchmal auch länger, und kostet um die 50 Euro.

... wenn mir das Gutachten für meine Alufelgen fehlt?

Einstmals teure Alufelgen sind gebraucht erstaunlich billig zu haben, sogar mit guten Reifen. Als Zubehör fürs Auto sind sie gefragt, weil sportiv im Look und oft nur wenig gefahren. Wenn die Allgemeine Betriebserlaubnis (ABE) oder das Teilegutachten (TGA) beim Kauf aus zweiter Hand mit dabei sind, können Sie das Teil einfach anschrauben und losfahren. Wenn nicht, könnte ein Anruf beim Verkäufer viel Zeit und Mühe ersparen. Oft befinden sich die Dokumente bei den Autounterlagen und wurden nur versehentlich nicht übergeben.

Wenn das nicht der Fall ist, wird es bürokratisch, manchmal sogar auch noch teuer. Ersatzdokumente gibt es beim Hersteller der nachträglich montierten Teile. Die Großen der Branche bieten die Gutachten als kostenlosen Download auf ihren Internetseiten an – das nenne ich wirklich mal Dienst am Kunden! Und wenn Sie nicht wissen, wer der Hersteller ist? Dann suchen Sie nach der fünfstelligen KBA-Nummer (zum Beispiel »KBA-12345«) und erfragen ihn damit beim Kraftfahrt-Bundesamt in Flensburg. Wenn es den Hersteller nicht mehr gibt, hilft das KBA gegen 23,40 Euro mit einer Kopie des Gutachtens aus dem Behördenarchiv weiter. Hilfreich ist auch das Archiv der Prüfstellen von TÜV und DEKRA, allerdings muss auch hier der Hersteller zweifelsfrei feststehen.

Wer das alles zu mühsam findet und einfach ohne die erforderlichen Dokumente fährt, sollte eins bedenken: Bei einer Fahrzeugkontrolle kostet das mindestens 10 Euro (meistens deutlich mehr), außerdem erlischt die Betriebserlaubnis des Fahrzeugs und mit ihr auch der Versicherungsschutz!

... wenn ich meine alte Karre loswerden will?

Will man einen »Gebrauchten« verkaufen, bietet sich zunächst die Inzahlungnahme durch einen Neuwagenhändler an. Der gibt Preisgarantien bis zu 6.000 Euro »über Schwacke«, also über dem Zeitwert. Das gilt auch für »Verbrauchtwagen«, deren Zeitwert gleich null ist – wenn man denn einen Neuwagenvertrag unterschreibt. Diese hohe Summe ist nichts weiter als ein Rabatt auf den Listenpreis des Neuwagens, den man durch geschicktes Verhandeln auch bekommt, *ohne* ein altes Auto in Zahlung zu geben. Geld fließt bei diesem Geschäft letztlich nur an den Händler, und zwar viel Geld.

Wer das nicht ausgeben will, kann zu einem der inflationär ausgeteilten Kärtchen unter dem Scheibenwischer greifen und Herrn Al-Rashid anrufen. Der kommt prompt und bietet zwischen 50 und 250 Euro für die ehemals stolze Kalesche. Dieses Angebot kann man annehmen, wenn bei Vertragsabschluss die üblichen Regeln (wie zum Beispiel die Vorlage eines Personaldokuments des Käufers) beachtet werden. Im Übrigen gelten für die Altauto-Exporteure dieselben Vorschriften wie für jeden Käufer – insbesondere ist die sofortige Ab- oder Ummeldung des Autos fällig.

Wem das Risiko bei dieser Art von Geschäft zu hoch ist, kann sich schließlich noch vertrauensvoll an den nächsten Autoverwerter wenden (früher auch Schrottplatz genannt). Durch die Altauto-Exporte kommt dort heutzutage kaum noch »Material« an (nur etwa fünfzehn Prozent aller endgültig stillgelegten Autos landen hier!), darum zählt der Verwerter trotz der Mühen mit dem Verwertungsnachweis dem Letzthalter gutes Geld in die Hand. Und man ist auf der sicheren Seite: Von hier fährt das Auto nirgends mehr hin!

... wenn ich einen Mängelbericht von der Polizei erhalten habe?

Der Mängelbericht ist eine gelbe Pappkarte im A6-Format. Darauf sind die Ergebnisse der polizeilichen Überprüfung von Fahrzeugen auf ihre Vorschriftsmäßigkeit zusammengestellt. Wenn ein Mängelbericht überreicht oder am Fahrzeug angebracht wird, ist etwas mit dem Vehikel nicht in Ordnung. Die Polizei spricht im schönsten Amtsdeutsch von der »Unvorschriftsmäßigkeit eines Fahrzeugs« –

gemeint sind Abweichungen von den zahlreichen Vorschriften der Straßenverkehrs-Zulassungs-Ordnung. Das können abgefahrene Reifen sein, ein Sprung in der Windschutzscheibe oder auch eine abgelaufene Prüfplakette auf dem Nummernschild. Mit dem Zeit- punkt der Übergabe des Mängelberichtes beginnt eine Frist von 14 Tagen, innerhalb derer der Zulassungsbehörde die Abstellung der festgestellten Mängel nachgewiesen werden muss. Das kann eine Werkstatt oder eine anerkannte technische Prüfstelle wie TÜV oder DEKRA mit einem Sichtvermerk auf dem Mängelbericht tun. Danach müssen Sie die gelbe Karte nur noch an die Zulassungs- behörde zurückschicken, wo der Fall zu den Akten gelegt wird. Über ein Verwarnungsgeld wird, abhängig von der Art der Unvor- schriftsmäßigkeit, gesondert entschieden.

Geht der Mängelbericht nicht oder verspätet bei der Behörde ein, können Zwangsmaßnahmen wie die Stilllegung des Fahrzeu- ges durch die Polizei angeordnet werden. Spätestens hier wird es für den Fahrzeugbesitzer teuer: Die Kosten und Gebühren für diese Maßnahmen gehen nämlich zu seinen Lasten.

... wenn ich eine Anzeige wegen Fahrerflucht vermeiden will?

Die Ausreden für unerlaubtes Entfernen vom Unfallort sind viel- fältig. Doch einfache Begründungen wie »Ich hab nichts gemerkt«, »Ist doch nichts zu sehen« oder »Ich war´s nicht« glaubt ohnehin niemand mehr. Unabhängig von der Höhe des Schadens wird es teuer, wenn man sich vom Ort des Geschehens verdrückt. Wer einen Unfall mit Fremdschaden verursacht, ist verpflichtet, anzu- halten und eine angemessene Zeit am Unfallort zu warten. Eine Visitenkarte an der Windschutzscheibe des beschädigten Fahr- zeugs reicht zur Entlastung nicht aus! Ein Zeuge ist sicherer, an- dernfalls könnte sich der Unfallflüchtige ja damit herausreden, der Zettel sei weggeflogen. Angemessen lang (abhängig von der Höhe des verursachten Sachschadens) ist eine Wartezeit von mindestens 30 Minuten, besser jedoch eine Stunde.

Gelingt es während des Wartens nicht, den Fahrzeughalter zu ermitteln oder einen Zeugen zu finden, der die eigenen Personalien aufnimmt, muss man die Polizei informieren.

Entfernt man sich einfach vom Unfallort, erfüllt man einen Straftatbestand und wird mit sieben Punkten in Flensburg und ein bis drei Monaten Fahrverbot bestraft. Liegt der Schaden über 1200 Euro, werden ein Fahrverbot von bis zu zwölf Monaten sowie eine Geldstrafe verhängt, in schweren Fällen sogar eine Freiheitsstrafe.

Wer sich zunächst vom Unfallort entfernt, sich dann aber innerhalb von 24 Stunden nach dem Unfall freiwillig meldet, kann straffrei ausgehen. Dann darf die Schadenshöhe jedoch nicht höher als 1200 Euro sein. Flensburger Punkte gibt es dennoch.

... wenn ich ein Nummernschild verloren habe?

Wenn eines Ihrer Nummernschilder plötzlich nicht mehr am Auto hängt, nehmen Sie sich am besten gleich einen Tag Urlaub. Durch das fehlende Nummernschild ist Ihr Fahrzeug nämlich nicht mehr vorschriftsmäßig. Der sofortige Gang zur Zulassungsbehörde ist darum leider zwingend. Und da Sie eine eidesstattliche Versicherung über den Verbleib des Kennzeichens abgeben müssen, ist Ihr persönliches Erscheinen unumgänglich. Ihre Aktenmappe sollte Ihren Personalausweis sowie sämtliche Fahrzeugpapiere enthalten – das sind neben Kfz-Brief und Fahrzeugschein auch die Gutachten über die letzte Haupt- und Abgasuntersuchung. Schließlich müssen Sie das noch vorhandene Nummernschild mitbringen, von dem die Behörde den Zulassungsstempel entfernt.

Zur Vermeidung von »Zulassungsdoubletten« muss Ihr Fahrzeug nach dem Verlust eines Kennzeichens umgekennzeichnet werden. Gleichzeitig wird Ihr bisheriges Kennzeichen in die polizeiliche Fahndung aufgenommen. Sollte ein gewissenloser Mitmensch Ihr altes Kennzeichenschild gefunden und zu ungesetzlichem Tun missbraucht haben, kann man diesem damit einen Riegel vor-

schieben. An diesem Verfahren führt auch bei besonders liebge-
wonnenen Kennzeichen kein Weg vorbei!

Ihr Auto bekommt in jedem Fall neue Nummernschilder, aber
die Wahl eines Wunschkennzeichens ist im Rahmen der verfüg-
baren Zahlen- und Buchstabenkombination und gegen zusätzliche
Gebühren natürlich möglich. Alles in allem liegen Sie nach Ihrem
Urlaubstag bei etwa 120 Euro für Gebühren, die frisch gepressten
neuen Schilder und sonstige Nebenkosten.

... wenn ich mit ungestempelten Kennzeichen fahren will?

Vor allem brauchen Sie eine gute Ausrede! Grundsätzlich ist die-
ses Unterfangen ein schwerer Verstoß gegen das deutsche Zulassungsrecht. Da es aber selbst von ehernen Zulassungsregeln eine
Ausnahme gibt, wollen wir Ihnen diese nicht vorenthalten: Der
Gesetzgeber erlaubt in § 23 Abs. 4 Satz 7 der Straßenverkehrs-
Zulassungs-Ordnung »Fahrten, die im Zusammenhang mit dem
Zulassungsverfahren stehen, insbesondere Fahrten zur Abstempe-
lung des Kennzeichens und Rückfahrten nach Entfernung des
Stempels sowie Fahrten zur Durchführung der Hauptuntersuchung, Sicherheitsprüfung oder Abgasuntersuchung«. Diese Fahrten »dürfen mit vorübergehend stillgelegten Fahrzeugen – Rückfahrten auch mit endgültig stillgelegten Fahrzeugen – oder mit
Fahrzeugen, denen die Zulassungsbehörde im Zusammenhang mit
dem Zulassungsverfahren vorab ein ungestempeltes Kennzeichen
zugeteilt hat, innerhalb des auf dem Kennzeichen ausgewiesenen
Zulassungsbezirks und eines angrenzenden Bezirks mit ungestempelten Kennzeichen durchgeführt werden«.

Mitzuführen ist dabei eine Bestätigung über einen ausrei-
chenden Versicherungsschutz für das Fahrzeug. In Frage kommen
für diese Sonderregelung beispielsweise Fahrten aus dem Winterlager auf dem Lande zur Hauptuntersuchung beim TÜV mit
unmittelbar anschließender Zulassung beim zuständigen Kraftverkehrsamt.

Wie viele Stationen zwischen Start und Zulassung liegen, ist nicht festgelegt. Jede Anlaufstelle muss aber im Zusammenhang mit dem Zulassungsvorgang stehen. Das grenzt die Zahl der Möglichkeiten deutlich ein.

... wenn ich mein Auto mit einem H-Kennzeichen zulassen will?

Alle Autos, die dreißig Jahre oder älter sind, erfüllen die Grundvoraussetzung für die Erteilung des H-Kennzeichens. »H« steht für »historisches Kraftfahrzeug« und bezeichnet ein nach den Buchstaben des Gesetzes erhaltungswürdiges Fahrzeug. Der geneigte Leser wird fragen, warum es auch hierfür Gesetze geben muss. Ruht nicht ein jedes Auge wohlwollend auf der schönen Isabella und ihren Zeitgenossen? Wozu also die vor der Zuteilung des Oldtimer-Kennzeichens liegende Abnahme nach § 21c der Straßenverkehrs-Zulassungs-Ordnung bei TÜV oder DEKRA?

Der Gesetzgeber möchte zwischen historisch korrekt erhaltenen Fahrzeugen und »Verbrauchtwagen« unterscheiden. Schließlich zahlt der Halter eines positiv begutachteten Oldies nur 191 Euro Kfz-Steuer pro Jahr ans Finanzamt. Der liebende Besitzer einer Isabella etwa spart dadurch 189,40 Euro im Jahr gegenüber dem Regel-Steuersatz. Unter dem Strich ist die Frage also eine rein fiskalische ...

Kommen wir aber zurück zur Praxis: Der Eigentümer des Automobils muss dieses von einem Sachverständigen auf seinen Erhaltungszustand und auf seine Originalität hin untersuchen lassen. Der Gutachter muss das Fahrzeug als original erhalten und mindestens im Zustand der Schulnote »3« einstufen. Das bedeutet in erster Linie, dass der Wagen kleinere altersbedingte Mängel haben kann, aber voll fahrbereit ist. Ferner sollte sich der Lack in einem ordentlichen Zustand präsentieren, wobei originale Patina und ein paar kleinere Kratzer oder Dellen akzeptabel sind. Je älter das Fahrzeug, umso mehr Schönheitsfehler werden natürlich toleriert.

Eine »Rostlaube« kann freilich nicht positiv begutachtet werden – durchgerostete Türen oder Radläufe etwa stehen einer Betriebserlaubnis als Oldtimer entgegen. Und Umbauten zum Cabrio können nicht als Oldtimer eingestuft werden, es sei denn, der Umbau ist mindestens zwanzig Jahre alt oder der Hersteller hat diese Version offiziell angeboten.

Erfüllt der vorgestellte Wagen alle Anforderungen, erhält er ein entsprechendes Gutachten und kann – bei bestandener HU – von der Zulassungsbehörde das begehrte Kennzeichen zugeteilt bekommen. Das Fahrzeug wird dann pauschal besteuert und ist ganzjährig ohne Einschränkung zugelassen.

... wenn ich ein Kurzzeitkennzeichen brauche?

Der Zweck der »gelben Kennzeichen« ist klar: Unbürokratisch und legal ein auswärts erworbenes Auto ohne Zulassung abholen oder mit einem abgemeldeten Auto die für die Zulassung nötigen Fahrten zum TÜV oder in die Werkstatt machen. Als Ersatz für die richtige Zulassung taugen Kurzzeitkennzeichen aber nicht, weil sie eben nur fünf Tage gültig sind. Die Frist beginnt zu laufen, sobald die Schilder von der Zulassungsstelle »scharf gemacht« worden sind. Erfreulicherweise ist ein Satz Kurzzeitkennzeichen steuerfrei – das gilt für den Kleinwagen wie für den Hubraumriesen. Die amtlichen Gebühren liegen in Berlin beispielsweise bei 10,50 Euro, das entspricht einer jährlichen Kfz-Steuer von 766,50 Euro.

Bevor Sie jetzt aufjuchzen und Ihren alten Schluckspecht auf »gelb« umstellen, sollten Sie sich noch die Preise für die Schilder anschauen: Hier würden nämlich für die alle fünf Tage zu erneuernden Bleche jeweils um die 25 Euro fällig, was sich übers Jahr auf gute 1900 Euro summiert. Und in diesen beiden Summen ist noch kein Cent Haftpflichtversicherung enthalten! Wer die Prämie erfragt, wird sich wundern: 85 Euro ist der Regelsatz für fünf Tage – der allerdings stark rabattfähig ist. Das Internet macht es vor, dort kostet die Fünftagesversicherung nur die Hälfte. Noch billiger gibt es eine Deckungszusage für Kurzzeitkennzeichen, wenn man das zu überführende Auto unmittelbar danach »richtig« zulässt und einen entsprechenden Vertrag abschließt: Dann wird der Versicherungsbeginn einfach fünf Tage vorverlegt, und zwar ohne zusätzliche Berechnung.

... wenn ich billige Nummernschilder will?

Wenn Sie im Kraftverkehrsamt ein Auto zulassen wollen, brauchen Sie oft auch neue Nummernschilder. Das ist zum Beispiel der Fall, wenn Sie ein gebrauchtes Auto von auswärts erworben haben oder ein Kurzzeitkennzeichen brauchen. Die Behörde teilt Ihnen ein Kennzeichen zu, das Sie auf eigene Kosten beim Schildermacher in Blech prägen lassen müssen. Das ist völlig normal und allgemein bekannt. Der Bedarf ist also da, was geschäftstüchtige Herrschaften zum »Direkt-Marketing« direkt vor der Tür der Zulassungsstelle veranlasst. Dort wird der Neu-Autobesitzer mit Schilderangeboten regelrecht bombardiert. Der Preis für einen Satz Kennzeichenschilder liegt im Moment bei ca. 30 Euro. Die Prägemaschine läuft wie geschmiert, alles genau gegenüber vom Amt, Wartezeit nur wenige Minuten! Was will man mehr?

Vielleicht noch billigere Schilder? Die kriegen Sie allerdings nicht im »Schilder-Las Vegas« gegenüber der Tür zum Kraftverkehrsamt! Laufen Sie entweder ein paar Schritte weiter als alle anderen, oder besorgen Sie Ihr Kennzeichen bei einem Online-Anbieter, das kommt noch günstiger.

... wenn ich einen gebrauchten Motor einbauen will?

Es passiert nicht oft, aber wenn es passiert, wird es teuer: ein Motorschaden! Bei einem älteren Auto wird in der Regel ein gebrauchter Motor vom Autoverwerter das Problem lösen.

Nun gibt es gerade von den Bestsellern auf dem deutschen Automarkt zahllose Motor- und Antriebsvarianten, die theoretisch alle in das jeweilige Modell passen würden. Wer zum Beispiel einen 3er-BMW fährt, kann zwischen Vier- und Sechszylindern wählen, die entweder mit Diesel oder Benzin befeuert werden. Bei Mercedes und VW sieht es kaum anders aus.

Sollte man die Gelegenheit nutzen und gleich was Ordentliches unter die Haube pflanzen? Die Gelegenheit ist günstig, aber vor die Leistungsexplosion haben die Götter die Eintragung in die Fahrzeugpapiere gesetzt. Wenn sich die Motorleistung nämlich erhöht, will der Gesetzgeber vor der Eintragung der technischen Veränderung das Gutachten eines Sachverständigen haben. Der überprüft, ob Fahrwerk und Bremsen den gestiegenen Leistungsanforderungen auch gewachsen sind. Außerdem muss die Schadstoffklasse des Motors zu der des Autos passen. Wer also einen älteren, aber technisch baugleichen Motor in sein neueres Auto einbauen lässt, wird Probleme mit den Abgaswerten bekommen. Grundsätzlich ist daher ein Motor zu empfehlen, dessen Motorkennbuchstabe (der die genaue Identität des Aggregates definiert und in den technischen Daten des Autos zu finden ist, entweder in der Bedienungsanleitung oder auf einem Aufkleber im Auto) exakt dem des ausgebauten Treibsatzes entspricht.

... wenn ich eine Anhängerkupplung an mein Auto schrauben will?

Vor dem Einbau steht der Erwerb einer geeigneten Anhängerkupplung, die es für fast jeden Fahrzeugtyp entweder im Zubehörhandel oder beim Hersteller des Autos zu kaufen gibt. Für aktuelle Modelle gibt es in großen Stückzahlen produzierte Einbausätze mit EU-Betriebserlaubnis, für ältere Modelle hält der Gebrauchtteilemarkt Entsprechendes mit der »Wellenlinie« (eine Art Prägestempel der nationalen Bauartgenehmigung) als Prüfzeichen bereit.

Zu jeder Kupplung gehören eine detaillierte Einbauanleitung und eine Kopie des jeweiligen Gutachtens. Sollten diese Dokumente bei gebraucht gekauften Kupplungen fehlen, stellt der Kupplungshersteller das Gewünschte in vielen Fällen online im

Internet zur Verfügung. Wenn beim Einbau genau nach den Herstellervorgaben gehandelt wird, war das schon alles, was in diesem Zusammenhang zu tun ist. Eine Anbauabnahme nach § 19(3) StVZO ist seit 2001 nämlich nicht mehr erforderlich. Allerdings ist eine »freiwillige« Anbauabnahme bei TÜV oder DEKRA ratsam, weil der Einbauer bzw. die einbauende Werkstatt die volle Verantwortung für den Einbau trägt. Es sind nämlich leider schon Anhängerkupplungen samt Anhänger abgefallen!

Wer Details nachlesen möchte, kann sich auf folgender Seite des Kraftfahrt-Bundesamtes in Flensburg das nötige theoretische Wissen herunterladen: *www.kba.de/Abt4_neu/infosystem/info2001/info07_01r1.pdf*

... wenn ich Tagfahrlicht nachrüsten will?

Tagfahrlicht muss eine EU-Zulassung haben, und seine Schaltung und Benutzung müssen der Straßenverkehrsordnung entsprechen. Für die Nachrüstung gelten bestimmte Vorschriften, die in der ECE-Regelung 48 zusammengefasst sind. Danach sollen Tagfahrleuchten mindestens 250 mm und höchstens 1500 mm über der Fahrbahnoberfläche und wenigstens 400 mm von den Fahrzeugaußenkanten entfernt montiert sein. Der Abstand der Leuchten voneinander darf 600 mm nicht unterschreiten. Zulassungstechnisch gelten Tagfahrleuchten nicht als Scheinwerfer, weil sie eher das Fahrzeug markieren als die vor dem Auto liegende Straße beleuchten. Deshalb kann man Tagfahrleuchten auch montieren, wenn bereits ein ordentlicher Christbaum auf der Stoßstange sitzt, das heißt, die maximale Scheinwerferzahl von sechs Stück kann durch Tagfahrleuchten noch erweitert werden. Eine weitere Besonderheit des Tagfahrlichts ist die Möglichkeit seiner ausschließlichen Benutzung, also ohne die Heckbeleuchtung. Das spart elektrische Energie und damit CO_2-Emmissionen.

Mittlerweile hat die Zulieferindustrie Nachrüst-Kits auf den Markt gebracht, die für Selbstbastler eine ideale Ausgangsbasis darstellen. Neben allen Befestigungsteilen ist auch ein vorkonfektionierter Kabelbaum mit den benötigten Relais enthalten, die bei richtigem Einbau die Tagfahrleuchten automatisch zu- und wieder abschalten. Neuerdings gibt es Tagfahrleuchten auch als LED-Leuchten, die noch weniger Energie benötigen als herkömmliche Leuchtmittel.

... wenn ich in der Innenstadt nicht ewig nach Kleingeld für die Parkuhr suchen will?

Rufen Sie doch einfach die Parkuhr an, und teilen Sie ihr mit, wie lange Sie parken wollen. Die Parkgebühren bucht die Parkuhr dann von Ihrem Konto ab. Das ist kein Scherz! In der Praxis des »Handyparkens« läuft es fast genau so ab. Vorher sind allerdings einige Voraussetzungen zu erfüllen: Sie müssen neben einem Handy ein Auto besitzen (hier ist die Zuordnung des Kennzeichens zu einer Mobilfunk-Nummer wichtig!), ein Girokonto haben und sich schließlich unter *www.handy-parken.de* registrieren lassen. Wenn das alles geschehen ist, bekommen Sie per Post eine Vignette für die Windschutzscheibe und eine Karte mit den Parkzonen, die Handyparken anbieten. Entsprechende Modellversuche gab es unter anderem in Berlin, Köln, Düsseldorf oder im Saarland (zum Teil wurden solche Zonen sogar schon dauerhaft eingeführt). Der eigentliche Parkvorgang läuft dann ziemlich lässig ab: Sie parken Ihren Wagen, wählen über Ihr Handy die gebührenfreie Nummer für die Parkzone, in der Sie sich befinden (die Nummern stehen auf der zugeschickten Karte), und eine Automatenstimme teilt Ihnen mit: »Parkvorgang gestartet!« Ab diesem Moment läuft die Parkzeit: Alle 3 Minuten werden zum Beispiel 5 Cent fällig. Für 45 Minuten zahlen Sie also 75 Cent – 25 Cent weniger als bei der Barzahlung am Automaten. Die minutengenaue Berechnung macht neben der bargeldlosen Zahlung den besonderen Charme des Verfahrens aus.

Wenn Sie wieder wegfahren, rufen Sie erneut eine gebührenfreie Nummer an und beenden damit den Parkzeitraum. Und die Politessen? Die kontrollieren per Scanner Ihre Vignette. Wenn kein Startanruf getätigt wurde, wird es dann teuer ...

Kaufen und Verkaufen

To buy or
not to buy,
this is the question!

Was kann ich eigentlich tun ...

... wenn ich mein Auto bei Ebay verkaufen will?

☞ Wenn Sie Ihr Auto einfach nur loswerden wollen, sollten Sie es als Teileträger unter »Auto-Ersatz- und -Reparaturteile« einstellen. Hier ist nämlich nicht die normale, für »Verbrauchtwagen« recht hohe Verkaufsprovision für Fahrzeuge (49 Euro) zu zahlen, sondern nur die normale, bei kleinen Erlösen verschmerzbare prozentuale Provision.

☞ Wenn Ihr Auto noch jünger und wertvoller ist, investieren Sie in ein Gebrauchtwagen-Gutachten (zum Beispiel DEKRA-Siegel). Niemand kauft gern die Katze im Sack!

☞ Es steht Ihnen frei, die Ebay-Gebühren an den Meistbietenden weiterzugeben. Das wird oft gemacht, ist aber natürlich nicht gern gesehen. Als Kompromiss bietet sich eine Kaufpreisgrenze an, ab der Sie bereit sind, sämtliche Versteigerungskosten zu übernehmen.

☞ Bleiben Sie ehrlich! Schönreden hilft nichts, eine glaubwürdige Beschreibung spricht für sich und zieht Bieter eher an. Aussagekräftige Fotos runden das Angebot ab. Die hierfür nötigen Mehrkosten sind gering und lohnen sich in jedem Fall.

☞ Legen Sie in Ihren Versteigerungsbedingungen die Einzelheiten der Bezahlung fest: Nach dem Zuschlag sollte der Käufer zehn Prozent auf Ihr Konto überweisen, den Rest zahlt er bei der Abholung des Fahrzeugs in bar. Holt er das Auto nicht ab, verfällt die Anzahlung!

☞ Besorgen Sie sich vor der Übergabe des Autos an den Meistbietenden ein Kaufvertragsformular! Den Behörden ist es egal,

wie Ihr Auto den Eigentümer wechselt. Doch im Zweifel ist es immer besser, mit einem Kaufvertrag den Besitzwechsel nachweisen zu können.

☞ Und zum Schluss: Ärgern Sie sich nicht, wenn Ihr Auto bei der Versteigerung nicht den gewünschten Preis erzielt hat. Online-Auktionen sind pure Marktwirtschaft, der erzielte Betrag ist immer automatisch der aktuelle Marktpreis!

... wenn ich als Autokäufer bei Ebay ein richtiges Schnäppchen machen will?

Eines vorweg: Ja, es gibt immer noch phantastische Schnäppchen bei Ebay! Aber wer einen Glückskauf tun will, braucht neben dem nötigen Glück vor allem Sachkenntnis. Die sollte sich sowohl auf den gesuchten Autotyp als auch auf Ebay mit all seinen Regeln und Tricks beziehen.

Generell gilt: Neu-, Jahres- und Vorführwagen werden Sie bei Ebay kaum finden, und die wenigen Angebote picken sich Händler heraus. Das Geschäft mit Autos dieser Kategorie ist wegen der Gewährleistung im professionellen Autohandel besser aufgehoben.

Normale Gebrauchtwagen sind dagegen in großer Zahl bei Ebay zu finden. Hier können Sie also sehr günstig zu einem neuen Auto kommen. Die aussichtsreichste Rubrik im Dschungel des Online-Versteigerers sind die »Bastlerautos«. Hier gehen die Angebote bei einem Euro los, und man kommt auch fast immer für weniger als 1000 Euro zum Zuge. Natürlich darf man keine Ausstellungsstücke erwarten – Unfallwagen und rostige Youngtimer an der Grenze zum Klassiker beherrschen diese Rubrik. Folgende Tipps möchte ich Ihnen ans Herz legen:

☞ Legen Sie sich auf einen bestimmten Typ fest, am besten ein Modell, das Sie schon kennen und von dem Sie vielleicht sogar Ersatzteile vorrätig haben.

☞ Nutzen Sie die Suchfunktion mit Schwerpunkt auf »Unfall- und Bastlerfahrzeuge«. Wenn Sie Ihr Wunschauto wirklich gut kennen, trennt sich meist schon nach dem ersten Suchlauf die Spreu vom Weizen.

☞ Bewahren Sie die Ruhe! Hektisches Bieten treibt den Preis nur unnötig in die Höhe! Besuchen Sie das Objekt Ihrer Wahl regelmäßig virtuell, und beobachten Sie auch vergleichbare Angebote.

☞ Wenn Sie der Beschreibung des Anbieters nicht trauen, nehmen Sie Kontakt mit ihm auf. Ein Besuch vor Ort ist immer empfehlenswert. Ersatzweise können Sie natürlich auch einen ortsansässigen Sachverständigen mit einer Besichtigung beauftragen. Die Kosten dafür erreichen allerdings schnell die Höhe des Kaufpreises. Bewährt hat sich partnerschaftliche Hilfe aus dem World Wide Web: Wer ein Auto ersteigern will, findet in den entsprechenden Foren im Internet oft einen Fachmann für den jeweiligen Typ, der in der Nähe des Anbieters wohnt und bereit ist, das Auto zu besichtigen.

☞ Das Bewertungssystem bei Ebay ist von zweifelhaftem Nutzen: Es hilft Ihnen nicht unbedingt weiter, wenn ein Anbieter 236 positive Beurteilungen geholt hat – mit Haushaltsgegenständen ...

☞ Wenn Sie kurz vor Ende der Auktion Ihr Gebot noch erhöhen wollen, setzen Sie sich ein persönliches Maximum! Häufig sind Ihre Mitbieter etwas zögerlich und bieten nur in Ein-Euro-Schritten. Wenn Ihr Gebot 20 Sekunden vor Ende der Auktion das höchste ist, bleibt den Erbsenzählern einfach keine Zeit mehr für höhere Gebote. Lassen Sie sich aber nicht vom Auktionsfieber mitreißen! Die Gebotsgrenze sollte bei 80 Prozent der normalen Gebrauchtwagenpreise liegen.

☞ Wenn Sie den Zuschlag erhalten haben, muss bei der Abholung mit dem Schlimmsten gerechnet werden: Planen Sie also immer einen Trailer oder Autotransporter ein. Eine Überführung auf eigener Achse ist meist schneller zu Ende, als man glaubt. Und: Fahren Sie nie allein zur Abholung. Es bleibt schließlich ein Autokauf, mit allen Risiken und Pflichten. Ein Zeuge kann später sehr nützlich sein! Aus dem gleichen Grund

sollten Sie trotz des virtuellen Zuschlags auf einem förmlichen Kaufvertrag bestehen.

... wenn ich mein erstes Auto kaufe?

Wenn das Geld für einen knackigen Golf GTI reicht, heißt das noch lange nicht, dass Sie sich den auch gleich kaufen sollten. Als Grundregel fürs erste Auto gilt: Vergessen Sie alles, was reichlich Power zum kleinen Preis bietet. Vermeiden Sie insbesondere Exoten und verbastelte Baustellen aus x-ter Hand. Eine gute Wahl ist immer ein Volumenmodell. Da ist die Auswahl für ein Preis-Leistungs-Schnäppchen groß genug.

Bevor Sie ein Auto kaufen, sollten Sie so viele Probefahrten wie möglich mit dem gewünschten Modell unternehmen. Nur so entwickeln Sie ein Gefühl dafür, ob der Wagen bzw. sein Fahrwerk den eigenen Wünschen gewachsen ist.

Wenn Sie sich dann Ihrer Sache sicher sind, können Sie zur Unterschrift schreiten. Vergessen Sie nicht, dass es danach kein Zurück mehr gibt! Auch nicht, wenn Oma sich nicht mehr an das versprochene Geld erinnern will. Wenn Sie den Vertrag mit einem Händler auflösen wollen, wird der sich mit Ihnen zwar einigen, allerdings kann Sie das bis zu 15 Prozent vom Kaufpreis als Schadenersatz kosten!

Wer Ärger vermeiden und gleich ein »ordentliches Auto« kaufen will, kann das Objekt vor dem Kauf bei TÜV oder DEKRA zu relativ günstigen Konditionen überprüfen lassen.

Zum Schluss noch ein paar Worte zur Schadstoffnorm: Die meisten Gebrauchten lassen sich zumindest aufrüsten und erreichen dann Werte, die die Kfz-Steuerlast minimieren. Bei Dieselmodellen sollten Sie entweder einen echten Oldtimer (älter als 30 Jahre) nehmen oder nach einem Modell mit Partikelfilter Ausschau halten: Der ist zwar nicht zwingend vorgeschrieben, aber nur damit ist Ihr »Neuer« auch in ein paar Jahren noch verkaufsfähig.

... wenn mir eine Gebrauchtwagengarantie angeboten wird?

Grundsätzlich kann eine Gebrauchtwagengarantie sinnvoll sein, zumal die Kosten für diese Versicherung nur bei 200 bis 500 Euro im Jahr liegen. Ein Schaden an der Elektronik, und schon ist die Prämie wieder drin. Für die erste Zeit mit dem neuen Gebrauchten ist das ein angenehmes Gefühl.

Gebrauchtwagenhändler bieten entsprechende Policen oft schon beim Kauf mit an. Die Laufzeit beträgt meist ein Jahr, wobei nach dem Gewährleistungsrecht in den ersten sechs Monaten nach dem Kauf ohnehin der (professionelle) Verkäufer haftet.

Gedacht ist die Gebrauchtwagengarantie insbesondere für private Geschäfte, die nach der alten Regel »gekauft wie gesehen« abgewickelt werden. Hier hat der Käufer ansonsten nämlich gar keinen gesetzlichen Haftungsschutz, denn private Verkäufer haften nicht automatisch für Mängel, die schon bei Übergabe des Autos bestanden.

Vor dem Abschluss einer solchen Versicherung ist aber zu beachten, dass die Versicherungsbedingungen viele Ausschlussklauseln vorsehen. Verschleiß ist nie versichert, ebenso wenig nicht serienmäßige Teile. Auch Schäden durch grob fahrlässige Fehlbedienungen (wie das Einlegen des Rückwärtsganges während der Fahrt) sind nicht gedeckt. Außerdem – und darauf wird wie bei der Neuwagengarantie größter Wert gelegt – müssen die Wartungsintervalle genau eingehalten und immer im Meisterbetrieb durchgeführt werden. Unterm Strich fährt man daher oft besser, wenn man die Jahresprämie für die Gebrauchtwagen-Garantie in einen Kfz-Sachverständigen investiert, der den Wagen vor dem Kauf begutachtet.

Register

Abblendlicht 54, 133
Abgasgutachten 144f.
Abgastemperatur 146
Abgasuntersuchung 52, 155f.
Abgaswerte 71, 135, 160
Ablassschrauben 31, 117
Abregeldrehzahl 18
Abschleppwagen 52, 113
ABS 56
Achse 69, 91
Achsmanschette 80
Airbag 61f.
Akku 35, 74, 115
Allgemeine Betriebserlaubnis (ABE) 152
Alufelgen/Aluräder 91, 113, 131, 152
Aluminiummotor 103
Anhänger 23, 93, 161
Anhängerkupplung 160f.
Anlasser 34, 45 – 48, 53, 108
Ansaugkanal 141
Ansaugkrümmer 18
Ansaugtrakt 49, 71
Anschnallpflicht 62
Antennenfuß 67
Antennenkabel 67
Antriebsachse 77, 91
Antriebsstrang 77f.
Antriebswellen 20, 78, 80
Armaturenbrett 33, 106
ATF 40f.
AU-Bescheinigung 151
Aufbietungsverfahren 151
Aufhängungsgummi 58
Ausgleichsbehälter 27
Auslassventil 143
Auslaufzone 41
Auspuffkrümmer/Abgaskrümmer 17f.
Auspuffrohr/Abgasrohr 57f., 142

Austauschgetriebe 41
Autobatterie 33, 115
Autogas 140f.
Autoheizung 68
Automatik/Automatikfahrzeug 40f., 80
Automobilclub 14, 79, 90
Autosattler 64, 126
Axialspiel 38
Batterie 25, 33 – 36, 45ff., 56, 62, 74f., 107, 115
Batteriekabel 115
Batteriewechsel 34
Beifahrersitz 126
Belüftungsanlage 104
Belüftungssystem 69, 106
Benzin 18, 48 – 54, 57f. , 121, 140 – 143, 160
Benzin-Direkteinspritzer 140
Benzinersatz 141
Benzinfilter 19
Benzinsteuerung 140
Biodiesel 142f.
Bioethanol 142f.
Biotreibstoff 142
Black Box 34, 141
Blinker 129
Blow-by-Gas 49, 71
Bodenblech 37
Bodenteppich 125
Bordnetz 74
Bordwerkzeug 113
Bowdenzughülle 42
Bremsabrieb 44
Bremse/Bremsanlage 41 – 44, 67, 93, 114, 118f., 160
Bremsbacken 41f.
Bremsbeläge 43ff., 91
Bremsdruck 42, 118
Bremsflüssigkeit 42 – 45, 68, 118f.

Bremshydraulik   43 f., 118
Bremsklötze   42, 44
Bremskolben   45
Bremskraftverstärker   41 f.
Bremsleitungen   118
Bremspedal   42
Bremsscheibe   42, 45, 94, 118
Bremsschlauch   42 f.
Bremsweg   79, 88 ff.
Bremszylinder   42 f., 45, 118
Brennraum   21, 52 f., 58, 60, 135, 141
Cabrio   42, 63, 126, 158
Carport   126
Chiptuning   78
Dampfblasenabscheider   18
DEKRA   94, 114, 144, 152, 154, 157, 161, 165, 168
Diagnosecomputer   18, 49
Diebstahlschutz   66
Diesel/Dieseltreibstoff   51 ff., 80 f., 121, 140, 142, 144 f., 160, 168
Dieselauto/Dieselfahrzeug   145, 81, 144
Dieselbeimischung   142
Dieseleinspritzpumpe   52 f.
Dieselleitungen   52
Dieselmotor   18, 46, 52, 80 f., 144
Dieselrußfilter   144
Differential   19, 77 f.
Direkteinspritzer   51, 140 f.
DOT-Zahl 87, 95
Drehmomentsteigerung   78
Drehzahl   18 f., 36, 49 f., 67, 135
Drehzahlmesser   18
Drehzahlzunahme   46
3-K-Lösung   109
ECE-Norm   95
Einfüllschraube   39
Ein-Schlüssel-System   83
Einspritzanlage   18, 51
Einspritzdüse   52, 142
Einspritzelektronik   50
Einspritzleitung   18, 52
Einspritzmotor   141
Einspritzpumpe   53, 81, 141
Einspritzung   18, 58, 142
Entladungslampe   133
Entlüfter   43, 52
Erhaltungsladung   115
Ersatzfahrzeugbrief   151

Ersatzkatalysator   139
Ersatzrad s. a. Reserverad   95 f.
Erstzulassung   30
Ethanol   142 ff.
Ethanolbetrieb   143
EU-Prüfsiegel   95
Fahrerflucht   154
Fahrertür   72
Fahrverbot   155
Fahrwerk   79, 91, 93, 160, 168
Fahrzeugbrief   74, 145, 151
Fahrzeughalter   151, 155
Fahrzeugpapiere   82, 93, 155, 160
Feinstaubpartikel   144
Felge   87 f., 91 f., 94, 96 f., 131
Felgenoberfläche   97
Fensterheber   72 f.
Fensterhebertaste   72
Fensterkurbel   72
Fernscheinwerfer   133
Flankenverschleiß   60
Flexi-Fuel-Vehicles   143
Freigabebescheinigung   93
Freisprecheinrichtung   132
Fremdschaden   154
Frischluftgebläse   69
Frontantrieb   78 f.
Frontscheibe   103 f.
Frostfestigkeit   102
Frostschutz   22 f., 75 f., 102 f.
Frostschutzmittel   102, 107
Froststopfen   107
Frühlingscheck   114
Fünftagesversicherung   158
Fußmatte   68
Fußraum   68, 125
Gangwechsel   36, 39 ff.
Gasbetrieb   141
Geberzylinder   37, 68
Gebläse   68, 70 f.
Gebrauchtwagengarantie   169
Gebrauchtwagengutachten   165
Geländewagen   89
Gemischaufbereitung   142
Generator-Ladesystem   35
Getriebe   20, 38 – 41, 57, 77 f., 117 f.
Getriebeöl   40, 117
Gleichlaufgelenke   78, 80
Grenzdrehzahl   19
Gurtband   62

Gurtstraffer 61
Haftpflichtversicherung 158
Halogenlampe 134
Handbremse 37, 42
Handbremshebel 42
Handbremszüge 42
Handyparken 162
Hardyscheibe 77 f.
Hartwachs 64, 105, 128
Hauptscheinwerfer 133
Hauptuntersuchung 63, 151, 156
Heckantrieb 78
Heckbeleuchtung 161
Heckscheibe 63, 76 f.
Heizfäden 77
Heizheckscheibe 76
Heizleitungen 50
Heizung 23, 25, 68, 104, 106, 109, 132
Heizungsdüsen 106
Heizungswärmetauscher 25, 68
Hinterradantrieb 77
H-Kennzeichen 157
Hubzapfen 29
Hybrid-/Antimonbatterie 35
Hydraulikflüssigkeit 36 f.
Identteile 139
Innenbahn-Schlüssel 83
Innenbeleuchtung 46
Innenraum 19, 68 f., 106, 109 120, 125
Innenraumheizung 23
Jahreswagen 166
Kabelbaum 55, 72, 162
Kaltstart 29, 34, 39, 142
Kardanwelle 77 f.
Karosserie 47, 93, 128
Karosseriebauer 129
Karosseriebohrung 119
Kaskoversicherung 66
Katalysator 52, 139, 147
Kaufvertragsformular 165
Keilriemen 48, 59, 75
Keilriemenscheibe 38
Kennzeichen 155–159, 162
Keramikträger 139
Kerzenstecker 48
Kettenglieder 89
Kfz-Brief 115, 155
Kfz-Elektriker 55

Kfz-Prüflampe 33
Kfz-Sachverständiger 157, 160, 167, 169
Kfz-Steuer 13, 144 f., 147, 157 f., 168
Kfz-Versicherungsprämie 65
Kleinladegerät 115
Klimaanlage 68, 120 f.
Klimakompressor 120
Klopffestigkeit 142
Klopfsensor 50
KLR (=Kaltlaufregler)-Kits 147
Kohlestift 75
Kolben 18, 21, 45, 49, 60 f.
Kolbenring 21, 70
Kompletträder 88
Kompression 21 f.
Kompressor 95, 97
Korrosion 23, 42 f., 92, 97, 102, 108, 119, 128, 131
Korrosionspartikel 103
Korrosionsrisiko 103
Korrosionsschutz 119
Kraftfahrt-Bundesamt 145, 151 f., 161
Kraftstoff 18 f., 28, 49–53, 58, 80 f., 116, 121, 135, 140–144
Kraftstoffaufbereitungsanlage 140
Kraftstoffleitung 18, 48, 52, 142
Kraftstoff-Versorgungssystem 141
Kreuzgelenk 77 f.
Kühlanlage 22
Kühler 17, 22 ff., 26 f., 102, 106 f.
Kühlerkanal 103
Kühlerklebeband 24
Kühlerschlauch 23 f.
Kühlerventilator 24 ff.
Kühlkreislauf 22 f., 106
Kühlleistung 103
Kühlmittel 17, 22 f., 25 ff., 102, 107
Kühlschlange 27
Kühlsystem 102
Kühlwasser 17, 22–27, 57, 68, 102, 106 f.
Kühlwasserthermostat 22, 106
Kunststoff-Streuscheibe 76
Kupplung 19 f., 36–41
Kupplungsdruckplatte 37
Kupplungshersteller 160
Kupplungspedal 36 ff.

Kupplungsscheibe   20, 38
Kurbelgehäuse   49, 71, 103
Kurbeltrieb   60
Kurbelwelle   19, 31, 38
Kurbelwellenlager   38
Kurzzeitkennzeichen   158 f.
Lack   97, 105, 119, 127 – 131, 157
Lackdoktor   128, 130
Lackschaden   128, 130
Ladekontroll-Lampe   75
Ladungsschichtung   140
Lambdasonde   49 f., 141
Lampenstecker   54
Lastwechselschlag   19, 77
Laufleistung   58, 61, 71, 116
Ledereinrichtung   126
Leistungssteigerung   78
Lenkrad   67, 78 f.
Lesespule   64 f.
Leuchtmittel   162
Lichtanlage   55
Lichtmaschine   35 f., 55, 59, 75
Lichtschalter   54, 134
Lichtstärke   105, 133
Limousine   94
LKW   93, 103
LPG   140
Luftdruck   96
Lüftermotor   69 f.
Lüfterwalze   69
Luftklappe   106
Luftmengenmesser   71, 134
Lüftungsanlage   69
Lüftungskanal   68
Lüftungssystem   69 f.
Luftzustrom   104
Mängelbericht   153 f.
Massekabel/Masseleitung   33, 47, 50
Mega-Pulser   34, 115
Mehrbereichsöl   32
Meisterbetrieb   169
Motor   18 f., 21 – 24, 26, 28 – 32, 36,
   38, 40, 42, 47 – 50, 52 f., 57 f., 65,
   69, 71, 73 ff., 77, 81, 102, 106, 108 f.,
   117, 134, 139 f., 142, 159 f.
Motorblock   61, 106 ff.
Motordrehzahl   18
Motorelektronik   141, 146
Motorhaube   17, 24, 47, 57, 80, 141
Motorkennbuchstabe   160

Motorkühlung   23, 106
Motorlager   29
Motorleistung   50, 135, 160
Motoröl   17, 20 f., 27 f., 30 f., 40, 58,
   116 f., 129
Motorraum   17, 48
Motorschaden   19, 23, 38, 50,
   159
Motorsteuerung   134
Nacheinspritzungen   146
Nachrüstrußfilter   144
Nebelscheinwerfer   133
Nehmerzylinder   37
Neuwagen   11 f., 14, 120
Neuwagengarantie   169
Neuwagenhändler   152
Neuwagenvertrag   153
Nockenwelle   19, 31, 60
Nose Cover   127 f.
Notrad   95, 113
Nummernschild   129, 154 ff., 159
Oktanzahl   142
Öl   20 ff., 27 – 32, 38 f., 53, 58, 63. 71,
   81, 116 ff.
Ölablassschraube   31
Öldruck   30
Oldtimer   157 f., 168
Öleinfülldeckel   49
Öleinfüllöffnung   17
Ölkühler   27
Ölqualität   29, 115, 118
Ölstand   39 f., 117 f.
Ölvorrat   117
Ölwechsel   28 ff., 32, 115 ff.
Ottomotor   47, 143
Pedal   37, 41 f., 58
Pedalweg   42
Peilstab   39 f., 117
Pflanzenöl   141 f.
PKW   41, 93
Pleuelstange   61
PÖL (= Pflanzenöl)-Betrieb   141 f.
Pollenfilter   70 f., 104, 121
Pollenschutzfilter   121
Polster   125 ff.
Polzange   46
Prüfplakette   93, 154
Pumpe-Düse-Einheit   53
Querlenker   92
Radbolzen   133

Radialwellendichtring   38
Radio   67 ff., 74, 132
Radkasten   66, 89
Radläufe   158
Radmuttern   90 ff., 113
Radnabe   92, 113
Radposition   91
Radschrauben   91 f., 113
Reibbelag   44
Reifen   78, 87–98, 113, 131, 152, 154
Reifenabnutzung   78
Reifenaufschrift   93
Reifenbreite   93
Reifenfabrikatsempfehlung   93
Reifengas   96 f.
Reifenventile   97
Reifenverschleiß   89
Reinigungsflüssigkeit   76
Reinigungsmittel   101, 125
Rennwagen   27
Reservekanister   48
Reserverad   113
Riemenscheiben   59
Rückbank   125
Rückfahrleuchten   56 f.
Rückleuchten   105
Rückstellfeder   37
Ruhestrom   33
Runflat-Reifen   96
Rußfilter/Partikelfilter   51, 144 ff., 168
Saugrohr   41, 140
Schadstoffklasse   139, 160
Schadstoffminimierung   140, 147
Schadstoffnorm   168
Schadstoffschlüsselnummer   147
Schaltbox   36, 39 f., 117
Schaltgestänge   40
Schalthebel/Schaltknüppel   36, 38 f., 78
Scheibenreinigungsflüssigkeit   103
Scheibenwaschanlage   75, 101
Scheibenwaschmittel   89
Scheibenwischer   101, 103
Scheinwerfer   54, 56, 101, 105, 132 ff., 161
Scheinwerferlampe   55 f.
Scheinwerferspiegel   134
Scheinwerferwaschanlage   101

Scherverhalten   29
Schichtladung   141
Schiebedach   66 f.
Schlauchschellen   24
Schleifring   61
Schlüsselloch   105
Schmiersystem   30
Schmierung   27–30, 37, 39, 53, 80
Schneeketten   89 f.
Schonbezug   126
Schutzkappe   97
Schwimmerkammer   18
Schwungrad   38
Sechszylinder   46, 160
Seilzug   36, 42
Serienbereifung   94
Serienlack   130
Servopumpe   56
Sicherheitsgurt   62
Sicherheitsprüfung   156
Sicherungsbelegung   73
Sicherungskasten   54, 72 f.
Sicherungssystem   83
Sichtweite   105
Silikonentferner   63, 103
Sitzairbag   61
Sitzbezug   126
Sitzheizung   126
Sitzverstellung   126
Sommeröl   32
Sommerreifen   87–90
Spannungsmessgerät   75
Spenderfahrzeug   46
Spiegelverstellung   72
Spreizfeder   42
Spritzdüse   102
Spritzwasserbehälter   102
Spritzwasserpumpe   102
Spurstange   93
Standheizung   132
Starterbatterie   34 f.
Starthilfe   45 f.
Starthilfekabel   46, 113
Start-Pilot   108
Steckkontakte   56
Steinschlag   127 f., 133
Steinschlagschutz   127
Stoßdämpfer   79
Stoßstange   129, 161
Strahlwärme   18

Straßenverkehrs-Zulassungs-Ordnung 154, 157
Streuscheiben 101, 105, 133
Stufenautomat 40
StVO 133
Tacho 94, 116
Tagfahrleuchten/Tagfahrlicht 161 f.
Tank 19, 48, 50 ff., 97, 142 f.
Tankdeckel 48
TDI-Piloten 142
Teerentferner 129
Teilegutachten (TGA) 152
Teillastbereich 141
Thermoschalter 24 ff.
Thermosicherung 69 f.
Torsionsfedern 19
Transponder 64, 82 f.
Triebwerk 32, 103, 142
Trocknungszylinder 127
Turbinengeometrie 81
Turbolader 81 f.
Turbotechnik 81
Türdichtung 105, 108 f.
Türkabelbaum 72
TÜV 93 ff., 114, 134, 144, 152, 154, 156 ff., 161, 168
Umlufttaste 104
Umweltzonenplakette 147
Unfallflucht 154
Unfallwagen 166
Unterbodenwäsche 105
Unterdruckschlauch 41
Unterdrucksystem 81
Ventil 43, 60, 80, 95, 97
Ventildeckel 49
Ventileinsatz 97
Ventilführung 21, 28
Ventilgehäuse 17
Verbrennungsmotor 27, 53, 142
Verbrennungsraum 26, 140
Verdampfer 68
Vergaser 18, 58, 141
Verkehrsblatt 151
Versicherungsschutz 152, 156
Verteiler 47 f., 66, 108 f.
Verteilereinspritzpumpe 53, 81, 141
Verwarnungsgeld 154
Vierzylinder 47, 160
Vorderachse 78, 91 f.
Vorderrad 78, 80, 92

Vorführwagen 166
Vorkammer-Diesel 51
Vorkammermotor 52
Wagenheber 90 f., 113
Wärmeabschirmblech 18
Wärmetauscher 23, 68, 106
Wartungsintervall 169
Wartungsintervallanzeige 29, 115 f.
Wasserheizung 106
Wasserkühler 26 f., 106
Wasserpumpe 26, 102
Wechselcodephase 64
Wegfahrsperre 64 ff., 82
Windschutzscheibe s. a. Frontscheibe 154, 162
Winteröl 32
Winterräder/Winterreifen 87–90, 94
Winterreifenpflicht 89
Wischblätter 103 f.
Wischerarme 104
Wischwasser 101
Xenonlicht 133 f.
Xenon-Umrüstsatz 133
Youngtimer 14, 166
Zahnriemen 60 f.
Zapfpistole 51
Zeitwert 20, 81, 153
Zentralelektrik 54, 72
Zentralverriegelung 72
Zigarettenanzünder 95
Zulassungsbezirk 156
Zulassungsrecht 144, 156
Zulassungsregeln 156
Zulassungsstelle 151, 158 f.
Zündfolge 47 f.
Zündkabel 47 f., 66, 108
Zündkerze 19, 48
Zündschloss 46 f., 64 f., 83
Zündschlüssel 25, 46, 64 f., 80, 82, 108
Zündspule 19, 47, 108
Zündstrom 66
Zündung 57, 64, 81, 103, 108 f., 139
Zündzeitpunkt 50
Zusatzscheinwerfer 132
Zwei-Tank-Lösung 142
Zylinder 21, 48
Zylinderkopf 21 f., 51, 60, 103, 107
Zylinderkopfdichtung 17, 25, 57

Matthias Müller-Michaelis

»Als ich auf die Bremse treten wollte, war sie nicht da.«

Das Lexikon der kuriosen Ausreden
Originalausgabe

ISBN 978-3-548-36914-3
www.ullstein-buchverlage.de

Die Deutschen sind ein unfassbar erfinderisches Volk. Das zeigen die kuriosen Ausreden und Begründungen, mit denen manche Leute bei Behörden, Ämtern und Versicherungen versuchen, ihre Ansprüche zu rechtfertigen. Da gibt es häufig etwas zu schmunzeln – und zu lernen: etwa, warum eine Ausrede nicht akzeptiert wurde und mit welcher man möglicherweise Erfolg gehabt hätte.

Matthias Müller-Michaelis hat eine Fülle solcher absurden Ausreden aus allen Bereichen des täglichen Lebens gesammelt und präsentiert sie auf unterhaltsame Weise.

ullstein